Rolando Zucchini

Due antichi problemi di geometria

La quadratura del cerchio – La duplicazione del cubo

MNAMON

Introduzione

La *quadratura del cerchio* e *La duplicazione del cubo* sono due problemi classici che hanno impegnato i matematici per oltre duemila anni. In questo saggio si dà un ampio resoconto dei più interessanti tentativi per la loro risoluzione con riferimenti alla genesi storica e filosofica. Della *quadratura del cerchio* è spiegato il ragionamento di Dinostrato applicato alla quadratrice di Ippia, il metodo di esaustione da Eudosso ad Archimede e gli studi più recenti che portarono ad approssimazioni sempre più precise dell'irrazionale pi-greco. Gli sforzi per dimostrare questo problema proseguirono anche dopo che Ferdinand von Lindemann, nel 1882, dimostrò la trascendenza dell'invariante pi-greco. Fu l'avvento dell'analisi matematica a stabilire definitivamente che il problema della *quadratura del cerchio* non ammette soluzione, e a fornire una logica giustificazione a questa ineluttabile verità.

Della *duplicazione del cubo* sono proposte alcune soluzioni ottenute mediante procedimenti algebrici e geometrici escogitati dai matematici greci, quali la tripla proporzione di Ippocrate, la curva di Diocle detta cissoide, la concoide di Nicomede, la curva gobba di Archita. Con l'avvento dell'algebra moderna si è dimostrato che la risoluzione del problema con l'uso esclusivo della riga e del compasso è praticamente impossibile.

Nelle appendici ci sono approfondimenti, note biografie e curiosità.

La quadratura del cerchio

Paradiso, XXXIII

Qual è 'l geomètra che tutto s'affige
per misurar lo cerchio, e non ritrova,
pensando, quel principio ond'elli indige,

tal era io a quella vista nova;
veder volea come si convenne
l'imago al cerchio e come vi s'indova;

I

La quadratura del cerchio nell'antica Grecia

Dato un cerchio, il problema della sua quadratura consiste nel disegnare un quadrato che abbia la sua stessa area, imponendo di:

1) utilizzare una riga non graduata e un compasso
2) utilizzare un numero finito di passaggi intermedi.

Essendo l'area di un quadrato l^2 , e quella del cerchio πr^2, dall'uguaglianza:

$$l^2 = \pi r^2$$

posto $r = 1$, si ricava: $l = \sqrt{\pi}$.

In altri termini, si tratta di costruire $\sqrt{\pi}$ con l'uso della riga e del compasso (v. fig. 1).

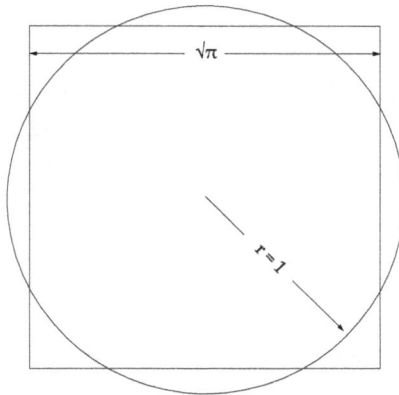

fig. 1

Il problema della *quadratura del cerchio* è perfettamente equivalente a quello della *rettificazione della circonferenza*, ossia tracciare un segmento la cui lunghezza è uguale a quella della circonferenza del cerchio preso in esame. Quello della *quadratura del cerchio* è un problema che si è protratto dall'antichità fino al XIX secolo. Nel 1775 l'Accademia delle Scienze di Parigi fu costretta a non accettare più le presunte *soluzioni* della *quadratura del cerchio*, perché ne pervenivano talmente tante che la loro revisione impegnava a tempo pieno il lavoro di molti geometri dell'Accademia. I tentativi continuarono anche dopo che F. von Lindemann (Carl Louis Ferdinand von Lindemann; Hannover 1852 – Monaco di Baviera 1939) nel 1882 dimostrò la trascendenza di π (un numero si dice trascendente se non è soluzione di alcuna equazione algebrica). Va sottolineato che la dimostrazione di π numero trascendente implica l'impossibilità di risolvere il problema della *quadratura del cerchio*. Ma, così come avvenne per il *quinto postulato* di Euclide, per più di duemila anni, i matematici tentarono invano di risolvere un problema irresolubile. I loro tentativi condussero comunque ad approssimazioni sempre più precise di π.

***

In Grecia fu Anassagora (di Clazomene; 496 – 428 a. C. (?)) [v. App. I/1] a porsi per primo il problema della *quadratura del cerchio*. Antifonte (di Atene; 480 – 410 a.C. (?)), contemporaneo di Anassagora, propose di quadrare il cerchio costruendo poligoni aventi un numero di lati sempre più grande. Egli inscrisse nel cerchio un poligono regolare, un triangolo equilatero o un quadrato, e, poi, una successione di poligoni inscritti ottenuti raddoppiando ogni volta il numero dei lati del precedente. Antifonte era convinto che, dopo un numero finito di passi, avrebbe ottenuto un poligono con i lati talmente piccoli da coincidere esattamente con il cerchio. Ma egli era in errore, in quanto un cerchio può avere al più due punti in comune con una retta, e i lati del poligono, per quanto piccoli, non avrebbero mai potuto coincidere con i corrispondenti archi della circonferenza. L'idea di Antifonte fu ripresa da Eudosso (di Cnido; 408 – 355 a. C) [v. App. I/2]. Essa consiste nel considerare poligoni i quali, all'aumentare del numero dei lati, possano confondersi con il cerchio. Questo procedimento è detto *metodo di esaustione*. Come oggi sappiamo ciò è possibile solo se prendessimo in considerazione poligoni con un numero infinito di lati. Quindi il problema non era riconducibile a un numero finito di passaggi. Comunque, Eudosso sostenne che, siccome si possono quadrare singolarmente i poligoni che ricoprono il cerchio, fosse possibile quadrare lo stesso cerchio. Negli *Elementi* di Euclide, il più celebre libro di geometria di tutti i tempi [v. App. I/3], si ritrovano concetti molto più soddisfacenti del *metodo di esaustione*. Negli *Elementi* sta scritto che prendendo poligoni con un gran numero di lati si può *"rendere la differenza tra l'area del cerchio e l'area dei poligoni che via via si costruiscono più piccola di ogni quantità positiva presa a piacere, per quanto essa sia piccola"*. È questa di Euclide una definizione del *metodo di esaustione* conforme a quella del *passaggio al limite* della moderna analisi matematica, e, così com'è concepito, esso non è altro che l'attuale *calcolo integrale*.

Già prima di Euclide, Ippocrate (di Chio; 470 - 410 a.C. (?)) [v. App. I/4] riuscì a quadrare diverse figure aventi i bordi composti da archi di cerchi, le cosiddette *lunule* di Ippocrate.

A differenza del cerchio, Ippocrate riuscì a quadrare le *lu-*

nule che da lui presero nome. In fig. 2 la somma delle aree delle *lunule* è uguale a quella del poligono. Ciò è dimostrabile tenendo conto che due segmenti circolari, ove per segmento circolare s'intenda una figura limitata da un arco di cerchio e dalla corda che lo sottende, sono tra loro simili se hanno basi uguali. Da ciò ne consegue che le loro aree e i quadrati delle loro basi sono nello stesso rapporto. Negli esempi considerati si aggiungono e si tolgono segmenti circolari costruiti sui lati dei poligoni. Con riferimento alla fig. 2a), l'area aggiunta dei semicerchi sottesi dai cateti AB e BC è esattamente uguale a quella sottratta del semicerchio sotteso da AC.

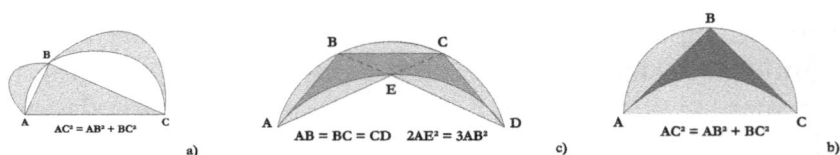

fig. 2

Queste *lunule* affascinarono moltissimi matematici nel corso dei secoli, e, probabilmente, li indussero a perseguire con determinazione la risoluzione del problema della *quadratura del cerchio*. Di queste *lunule* Leonardo Da Vinci (Vinci 1452 – Amboise 1519) ne costruì più di cento.

***

Così Pappo (di Alessandria, (?)) descrisse la curva che Ippia (di Elis; n. 380 a.C. (?)) usò per risolvere il problema della *trisezione di un angolo*, e che successivamente fu usata da Dinostrato (390 – 320 a.C.) per la *quadratura del cerchio*. Con riferimento alla fig. 3, sia ABCD un quadrato. Si tracci con centro in A l'arco di circonferenza BED. Sia B'C' un segmento parallelo all'asse y, che, partendo dal segmento BC, si muova a velocità costante verso il segmento AD. Sia AE il raggio della circonferenza che descriva anch'esso uniformemente l'arco BED da AB ad AD. Entrambi i movimenti del segmento e del raggio iniziano e terminano contemporaneamente. Il luogo dei punti F intersezione del raggio AE e del segmento B'C' è la curva nota come la *quadratrice di Ippia*.

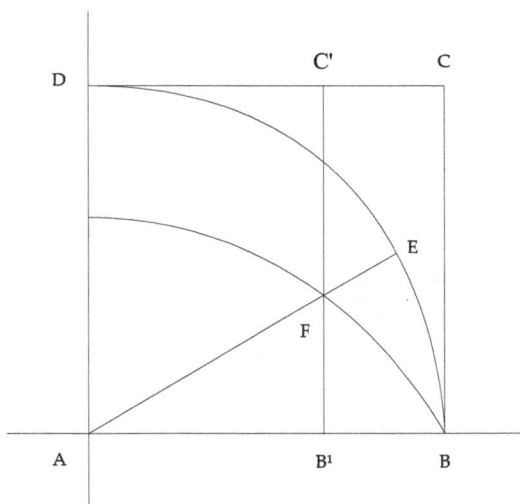

fig. 3

Vogliamo dar conto del ragionamento di Dinostrato con riferimento alla fig. 4.

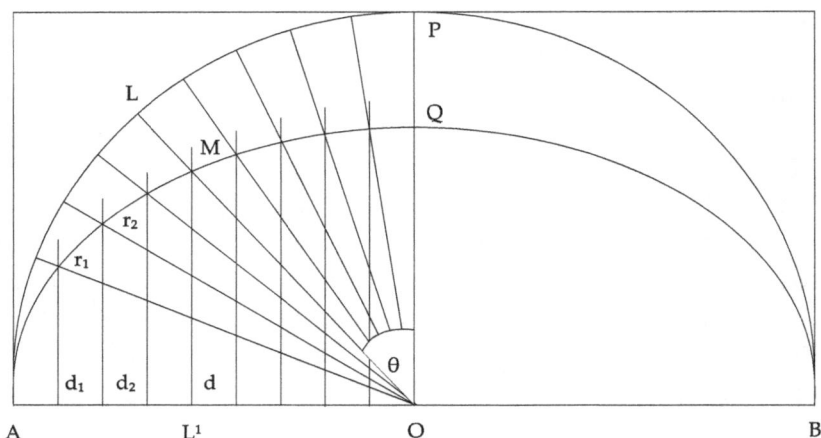

fig. 4

Immaginiamo un punto L che percorra a velocità costante l'arco AP del cerchio, mentre, contemporaneamente, una retta d perpendicolare ad AB si sposta a velocità costante da A a O. Il luogo delle intersezioni del raggio OL con d, cioè l'insieme dei punti M, è la curva detta *quadratrice di Ippia*. Per costruire n punti della *quadratrice* utilizzando riga e compasso, si divida l'arco AP in n archi uguali, i quali individuano n raggi, r_1, r_2, ... r_n, e si traccino n rette verticali, d_1, d_2, ... d_n, tra A e O tra loro equidistanti. Il punto Q intersezione della *quadratrice* con OP si ottiene quando L → P. Si dimostra che il rapporto AB/OQ = π. Infatti, usando notazioni trigonometriche all'epoca non conosciute ma perfettamente conformi al ragionamento di Ippia, AL'/ ($\pi/2$ - θ) è costante è vale $2r/\pi$. Siccome AL' = r - O L' = r – OMsenθ si deduce che r – OMsenθ = $2r((\pi/2 - θ)/\pi)$, da cui, con pochi passaggi algebrici, 2r = πOMsenθ/θ, se θ → 0, senθ/θ → 1, OM → OQ e π = 2r/OQ = AB/OQ. Avendo

14

costruito due segmenti il cui rapporto vale π ne consegue il C.V.D..

Tutto sembra plausibile, sennonché il punto P per $\theta \to 0$ si raggiunge soltanto con un *passaggio al limite* e non certo con un numero finito di costruzioni geometriche con riga e con compasso. Resta comunque il fatto che tale dimostrazione è assai rigorosa e si avvicina alquanto alla risoluzione del problema della *quadratura del cerchio*.

Archimede (di Siracusa; 287 (?) – 212 a.C.) [v. App. I/5] fece avanzare la conoscenza di π in maniera notevole. Nel libro *Sulla misura del cerchio*, dopo aver stabilito che il rapporto tra la superficie di un cerchio e il quadrato del suo raggio è uguale al rapporto tra la circonferenza e il diametro, considera poligoni con 6, 12, 24, 48, 96 lati, e calcola accuratamente approssimazioni di π che lo conducono a valutarlo: $3 + 10/71 < \pi < 3 + 1/7$ ossia $223/71 < \pi < 22/7$ ottenendo $3,1408 < \pi < 3,1429$. Egli considera un cerchio di raggio 1 che circoscrive e inscrive con poligoni di 3×2^n lati. Indicando con a_n il semiperimetro dei poligoni circoscritti e con b_n quello dei poligoni inscritti, per $n = 1$ si ha $a_1 = 2\sqrt{3}$ e $b_1 = 3$ (fig. 5a) con $3 < \pi < 3,46$; per $n = 2$ si hanno i dodecagoni di fig. 5b con $a_2 = 12/(2 + \sqrt{3})$ e $b_2 = 6/\sqrt{(2+\sqrt{3})}$ e $3,10 < \pi < 3,21$.

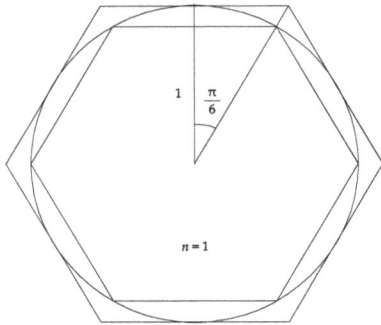

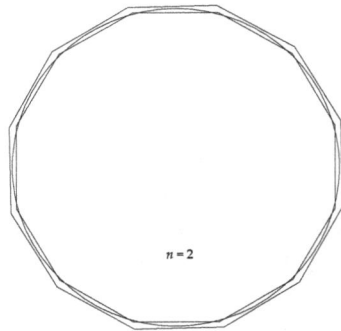

fig.5a   *fig. 5b*

Per ogni n: $1/a_n + 1/b_n = 2/a_{n+1}$ e $b_n \cdot a_{n+1} = (b_{n+1})^2$.
Usando queste formule di ricorrenza è possibile approssimare π con la precisione voluta. Utilizzando questo metodo Archimede approssimò π fino ad n = 5, cioè 96 lati dei poligoni inscritti e circoscritti, calcolando le radici quadrate per approssimazioni successive per difetto e per eccesso che lo condussero alla approssimazione di: $3,1408 < \pi < 3,1429$.
Se indichiamo con $l(p)$ la lunghezza del lato del poligono regolare di p lati inscritto nel cerchio di raggio 1, con considerazioni puramente geometriche, si arriva a stabilire che il lato del poligono con il doppio dei lati è $l(2p) = \sqrt{(2-\sqrt{(4-l^2(p))})}$. È da questa formula che si ricava per $l(6) = 1 \rightarrow$
$l(12) = \sqrt{(2-\sqrt{(4-l^2(6))})} = \sqrt{(2-\sqrt{3})}$
Dalla relazione precedente si deduce un'altra espressione della successione b_n dei semiperimetri dei poligoni inscritti. Da $b_1 = 3$ si ottiene $b_n = 3 \cdot 2^{n-1}/l(3 \cdot 2^n)$, per n = 2 risulta infatti $b_2 = 6/\sqrt{(2-\sqrt{3})}$.

Archimede, come i suoi predecessori, nei suoi studi sulla *quadratura del cerchio* applica il cosiddetto *metodo di esaustione*. Una dimostrazione per esaustione è di tipo indiretto. Se vogliamo, per esempio, dimostrare che una certa grandezza A, come l'area di una superficie, è uguale a un'altra grandezza B, omogenea alla A, un'altra superficie, si suppone per assurdo che A sia maggiore di B, e si dimostra che è possibile costruire una successione S_1, S_2, ... S_n, ... di grandezze omogenee alla A e alla B aventi le seguenti proprietà:
1) la successione è sempre prolungabile
2) tutti i termini della successione sono minori sia di A che di B
3) i termini della successione approssimano finché si vuole la grandezza supposta maggiore (la A) e si evidenzia che ciò è incompatibile con la condizione A > B.
In modo analogo si procede supponendo per assurdo che A sia minore di B, arrivando di nuovo a una contraddizione. Perciò dev'essere necessariamente A = B.
Il *metodo di esaustione* si applica, quindi, quando già si conosce il risultato da dimostrare. Nel nostro caso che l'area della figura A è uguale all'area della figura B.
Tale metodo è spiegato da Archimede in un libretto titolato *Metodo sui teoremi meccanici*, ritrovato nel 1906 dal filosofo tedesco J. L. Heiberg (Johan Ludvig Heiberg; 1854 – 1928) nel monastero del Santo Sepolcro di Gerusalemme. Il libretto è una lunga lettera scritta da Archimede a Eratostene (di Alessandria; 275 – 195 a.C.) [v. App. I/6], nella quale il matematico di Siracusa gli descrive il procedimento di cui egli si era servito nelle ricerche e i calcoli sulle quadrature delle superfici, sulle cubature dei solidi, e sui centri di gravità dei corpi. Il procedimento esposto da Archimede a Eratostene considera le superfici come se fossero compo-

ste da sottilissime linee e i solidi composti da un numero infinito di elementi superficiali infinitesimamente sottili. Quella di Archimede è una vera e propria anticipazione del *calcolo integrale*, che gli permise, con processi costruttivi, pur se non del tutto rigorosi, di determinare le aree e i volumi di figure e solidi abbastanza complicati. È mirabile come nel *Metodo sui teoremi meccanici* Archimede abbia saputo unire considerazioni meccaniche con la logica del puro e astratto ragionamento matematico. Vogliamo darne conto illustrando il calcolo della misura dell'area di un segmento parabolico delimitato da una corda perpendicolare all'asse della parabola. In questo calcolo Archimede fa uso sia del *principio di continuità*, il quale afferma che: *Se una figura può ottenersi da un'altra per variazione continua ed è altrettanto generale della prima ogni proprietà vera per la prima figura è vera anche per la seconda*; e del postulato di Archimede: *Date due grandezze geometriche esiste sempre una grandezza multipla di una che è maggiore dell'altra*.

Con riferimento alla fig. 6, AB è una corda perpendicolare all'asse a della parabola di vertice V, t è la retta tangente alla parabola in B, e C è il punto d'intersezione di t con la perpendicolare condotta da A ad AB; M è il punto d'intersezione della retta BV con il segmento AC e D è il suo simmetrico rispetto a M.

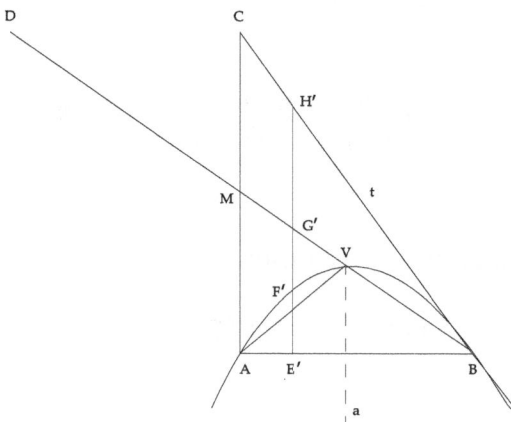

fig. 6

Preso un generico punto E' sul segmento AB si traccia la perpendicolare in E' ad AB, e F', G', H', sono rispettivamente i suoi punti d'intersezione con l'arco AB della parabola, con la retta BV e con la retta tangente t. Archimede mette a confronto il segmento parabolico S delimitato dalla corda AB con il triangolo ABV e dimostra che: M è punto medio di AC e che è valida la proporzione:

$$E'F':E'H' = MG':MB$$

dalla quale si ha: $E'F'\cdot MB = E'H'\cdot MG'$

Quest'ultima uguaglianza può essere interpretata come la condizione di equilibrio di una leva con il fulcro in M e che ha per bracci DM e MG', ai cui estremi sono applicati i *pesi* dei due segmenti E'F' ed E'H'. Variando la posizione del punto E' sulla corda AB, i segmenti E'F' ed E'H' riem-

19

piano rispettivamente il settore parabolico S e il triangolo ABC (v. fig. 7). In questo modo si hanno infinite relazioni del tipo:

$$E'F' \cdot DM = E'H' \cdot MG'$$
$$E''F'' \cdot DM = E''H'' \cdot MG''$$

$$\dots \dots \dots \dots \dots \dots \dots$$

Le quali sommate membro a membro danno:

$$(E'F' + E''F'' + \dots) \cdot DM = E'H' \cdot MG' + E''H'' \cdot MG'' + \dots$$

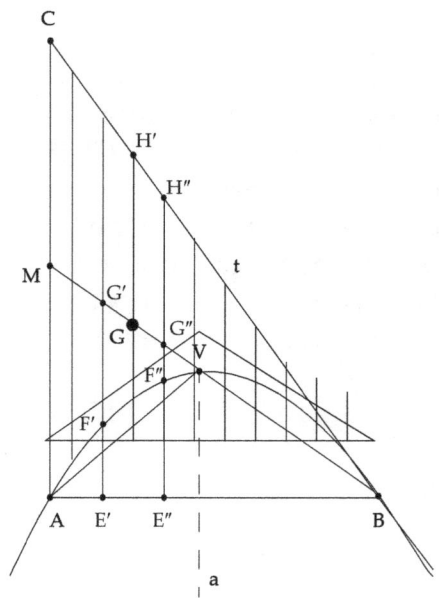

fig. 7

Il primo membro di questa uguaglianza può essere interpretato come il *peso* del settore parabolico S moltiplicato per la misura del segmento DM. Il secondo membro, invece, può essere pensato come la somma dei pesi dei segmenti E'H', E"H", ..., applicati ai rispettivi punti medi, baricentri dei segmenti stessi. Per una proprietà dei baricentri, già dimostrata da Archimede, il secondo membro dell'uguaglianza non è altro che il peso del triangolo ABC moltiplicato per la misura del segmento MG, con G baricentro del triangolo. Da ciò si ottiene l'uguaglianza:

$$(\text{peso } S)\cdot DM = (\text{peso } ABC)\cdot MG$$

o anche: $\quad(\text{area } S)\cdot DM = (\text{area } ABC)\cdot MG$

Tenendo conto che DM = MB, MG = MB/3 per una nota proprietà del baricentro di un triangolo, (aerea ABC) = 2(area ABM), (area ABM) = 2(area ABV) si ottengono le relazioni equivalenti:

$$(\text{area } S)\cdot MB = (\text{area } ABC)\cdot MB/3$$
$$(\text{area } S) = 1/3(\text{area } ABC)$$
$$(\text{area } S) = 4/3(\text{area } ABV)$$

Archimede dimostrò successivamente questa uguaglianza e la rese più generale: *L'area di un segmento parabolico S, delimitata da una corda AB, è 4/3 dell'area del triangolo ABP con P punto dell'arco AB di parabola nel quale la tangente è parallela alla corda* (v. fig. 8).

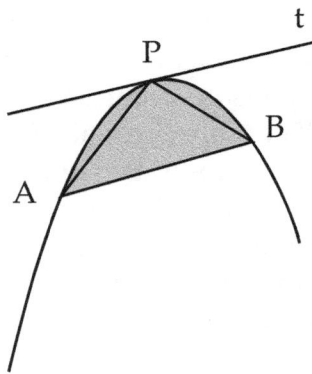

fig. 8

Si ha quindi: area S = 4/3(area ABP)

Archimede dimostrò che tale risultato può essere ottenuto
mediante il seguente procedimento (v. fig 9). Detto base
del segmento di parabola, il segmento della secante com-
preso tra i due punti di intersezione, si considerino le rette parallele all'asse della parabola passanti per gli estremi
della base. Si tracci una terza retta parallela alle prime due
e da loro equidistante. L'intersezione di quest'ultima retta
con la parabola determina il terzo vertice del triangolo. Si
ottengono così due nuovi segmenti di parabola nei quali si
possono inscrivere due nuovi triangoli.

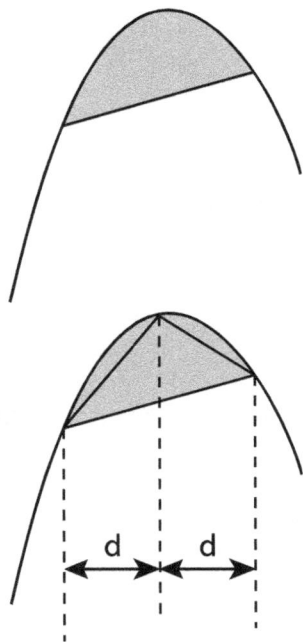

fig. 9

Iterando il procedimento si riempie il segmento di parabola con infiniti triangoli (v. fig. 10). Si dimostra che area (ABP) + area (BCQ) = 1/4 area (ABC). La somma delle aree dei triangoli che si costruiscono è sempre 1/4 della somma delle aree dei triangoli precedenti. L'area richiesta è ottenuta sommando gli infiniti termini ottenuti.

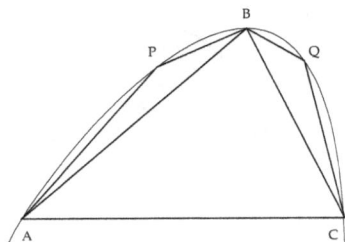

fig. 10

Il passo finale si riduce alla somma della *serie geometrica* di ragione 1/4:

$$\sum_{n=0}^{\infty} 4^{-n} = 1 + 4^{-1} + 4^{-2} + 4^{-3} + \cdots = \frac{4}{3}.$$

È questo il primo esempio conosciuto di somma di una *serie*.

Archimede mostrò anche che la spirale descritta da un punto in moto uniforme su di una retta ruotante anch'essa uniformemente (spirale di Archimede) (fig. 11), permette di quadrare il cerchio in modo del tutto simile alla *quadratrice di Ippia*.

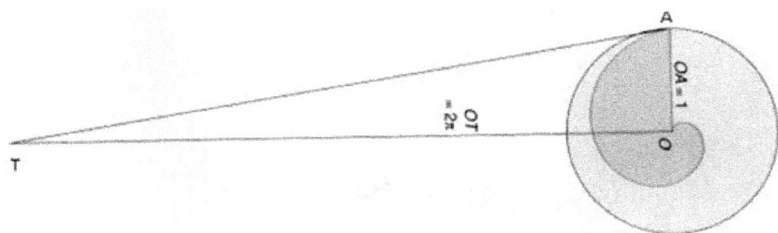

fig. 11

Appendici al Capitolo I

Appendice I/1

Anassagora è annoverato fra i fisici pluralisti, assieme a Empedocle (di Agrigento; 490 – 430 a.C.) e Democrito (di Abdera; 460 – 370 a.C.). Nel 462 si stabilì ad Atene, il quel periodo governata da Pericle. Anassagora oltre che fisico fu filosofo. Fu il primo a occuparsi di filosofia in Grecia. Prima di allora la filosofia era studiata nelle colonie greche dell'Anatolia e della Magna Grecia. Nel pensiero filosofico di Anassagora nulla nasce e nulla perisce, ma la nascita e la morte sono solo terminologie utilizzate convenzionalmente dagli uomini per indicare la mescolanza e la disgregazione delle parti dell'essere. *"I greci non hanno una giusta visione del nascere e del morire, poiché niente nasce né perisce, ma da ciò che esiste si riunisce e si separa. E così dovrebbero rettamente chiamare il nascere una riunione e il morire una separazione"*.

Egli formulò nuove ipotesi sulla natura dell'Universo, affermando che in esso sono sparsi elementi semplici in continuo movimento. Particelle piccolissime, le quali raggruppandosi e separandosi, nel loro movimento continuo impresso da una essenza impalpabile (leggera e sottile), danno origine alle cose e agli esseri. Queste particelle da lui definite *semi originari*, infinite e infinitamente divisibili, compongono *la sostanza* di tutte le cose. *"Tutte le cose sono insieme e tutte le cose sono in ogni cosa"*. L'unione dei *semi originari* dà origine alla materia, la quale si differenzia per la diversa qualità e quantità di semi in essa presente. La forza che li fa muovere e imprime in essi l'energia necessaria per la loro trasformazione è il *NOUS*: l'intelligenza divina che governa i *semi originari* ma non appartiene alla materia. Tale intelligenza, da lui definita *intelletto*, muove e ordina i *semi originari* seguendo un disegno razionale. I processi naturali sono governati da questa *intelligenza cosmica* che determina l'armonia e la bellezza della natura. Questo *divenire cosmico* segue una fase precosmica in cui i *semi originari*, non essendo ancora mossi e disciplinati dall'*intelletto* costituivano un miscuglio, un caos originario nel quale i semi, pur essendo dotati di diversità qualitativa, si ritrovavano in una situazione di confusione e indifferenziazione. Poi, grazie all'azione intelligente del *NOUS* , si passò dallo stato precosmico a quello cosmico. *"Insieme erano tutte le cose e l'intelletto le separò e le pose in ordine"*. Il *NOUS* è la forza del divenire cosmico, e quindi del mondo. Con riferimento al *NOUS*, Anassagora formulò anche ipotesi sul moto dei corpi celesti. I *semi originari*, sotto l'azione del *NOUS*, diedero origine a una pluralità di mondi, a sistemi planetari simili al nostro, e, quindi, nella sua teoria sul cosmo, esistevano altri corpi celesti simili al Sole, alla Luna e alla Terra. Egli riteneva il Sole una massa incandescente e la Luna un globo roccioso, piuttosto che delle divinità. *"Il Sole manda la luce alla Luna"*.

In quel periodo (450 a.C.) gli avversari di Pericle, per meglio combattere il grande statista ateniese, eliminavano i suoi collaboratori con accuse infamanti. Anassagora, per le sue idee sul cosmo, venne accusato di essere un empio e fu mandato in esilio. Fu in esilio che si occupò della *quadratura del cerchio*.

Appendice I/2

Eudosso sviluppò la teoria delle proporzioni che permise di superare le difficoltà che s'incontravano nei calcoli con i numeri irrazionali, i cosiddetti incommensurabili. La teoria di Eudosso consente di operare rigorosamente sui numeri irrazionali trattandoli come rapporti di grandezze. La sua teoria fu ripresa da Euclide nei suoi *Elementi*. Nel 1500 fu utilizzata da Tartaglia (Niccolò Fontana detto Tartaglia; Brescia 1499 – Venezia 1557). Essa fu alla base del calcolo algebrico per decenni, finché venne sostituito dal metodo algebrico di René Descartes (Cartesio; La Haye 1596 - Stoccolma 1650). La teoria delle proporzioni di Eudosso fu alla base delle sezioni nel campo dei numeri razionali di Dedekind (Julius Wilhelm Richard Dedekind; Braunschweig 1831 – 1916).

Appendice I/3

Gli *Elementi* di Euclide sono la più importante opera matematica della cultura greca antica. Essi rappresentano un quadro completo e definito dei principi della geometria noti a quel tempo. L'opera consiste in 13 libri: i primi sei riguardanti la geometria piana, i successivi quattro i rapporti tra grandezze (in particolare il decimo libro riguarda la teoria degli incommensurabili) e gli ultimi tre la geometria solida. Da quando, nel secolo XV, fu inventata la stampa, vennero pubblicate tantissime edizioni degli *Elementi* di

Euclide. Si ritiene che quest'opera sia stata superata soltanto dalla *Bibbia*. In figura è riprodotto il frontespizio degli *Elementi* in una traduzione di Niccolò Fontana detto Il Tartaglia (cit.). L'edizione fu stampata a Venezia nel 1569. Come per molto tempo è avvenuto, l'autore degli *Elementi* è confuso con il filosofo Euclide di Megara.

Appendice I/4

Ippocrate è considerato uno dei più illustri geometri dell'antica Grecia. Fu membro della Scuola Pitagorica e fu il primo ad applicare il metodo detto *ab absurdum*, nel quale la correttezza di una affermazione è verificata assumendo come falsa la proposizione opposta e da ciò far discendere una contraddizione. Egli si occupò del problema della *quadratura del cerchio*, e fu proprio durante questi studi che calcolò l'area delle lunule.

Appendice I/5

Pochi sono i dati certi sulla vita di Archimede, però tutte le fonti concordano sul fatto che fosse nato a Siracusa e che qui venne ucciso durante il sacco della città avvenuto nel 212 a.C. Il suo nome è indissolubilmente legato a due aneddoti leggendari. Il primo racconta di quando il sovrano Gerone II gli chiese di determinare se una corona fosse stata realizzata con oro puro, oppure utilizzando all'interno altri metalli. Egli avrebbe scoperto come risolvere il problema mentre faceva un bagno, notando che immergendosi nell'acqua provocava un innalzamento del livello del liquido. Questa osservazione l'avrebbe reso così felice che sarebbe uscito nudo dall'acqua esclamando *héureka!: ho trovato!*. Nel secondo aneddoto si racconta che Archimede sarebbe riuscito a spostare da solo una nave grazie a una macchina da lui inventata (la leva). Esaltato da questa scoperta che gli consentiva di spostare grandi pesi con piccole forze, in questa o in un'altra occasione, avrebbe esclamato: *"datemi un punto d'appoggio e solleverò la Terra"*.
Ma la fama di Archimede nell'antichità fu affidata più ancora alle sue straordinarie invenzioni tecnologiche. A lui si attribuisce l'invenzione della *vite senza fine*, della *carrucola mobile* e delle *ruote dentate*. Famosi sono gli *specchi ustori*: lamiere metalliche concave che riflettevano la luce solare. Essi furono usati per incendiare le imbarcazioni nemiche durante l'assedio di Siracusa da parte dell'esercito romano. Inoltre a lui si fa risalire la teoria del *centro di gravità*, il *principio della leva* e quello di un *corpo immerso in un liquido*. Egli è stato uno dei più grandi matematici di tutti i tempi e il più grande nell'antichità. Le argomentazioni con le quali

dimostra i suoi teoremi sono state per secoli da esempio del rigore matematico e del ragionamento logico.

Oltre a quello sul cerchio, un altro famoso trattato di Archimede è: *Della sfera e del cilindro*. Il principali risultati di questa opera in due libri sono la dimostrazione che la superficie della sfera è quadrupla del suo cerchio massimo, e che il suo volume è i due terzi di quello del *cilindro* circoscritto. Secondo una tradizione trasmessa da Plutarco e Cicerone, Archimede era così fiero di quest'ultimo risultato che volle che fosse riprodotto come epitaffio sulla sua tomba.

Per tre anni diresse la difesa della città di Siracusa durante l'assedio dell'esercito romano comandato dal console Marcello. Egli morì quando i romani presero possesso della città, ucciso da un soldato, nonostante il console Marcello lo volesse vivo.

Appendice I/6

Eratostene fu direttore della celebre biblioteca della città di Alessandria. A lui risale il primo tentativo di misurare il raggio della Terra conoscendone la circonferenza. Gli antichi si convinsero della sfericità della Terra con una prova d'inconfutabile evidenza. Durante un'eclisse di Luna, notarono che l'ombra della Terra, proiettata sulla Luna come in un gigantesco schermo, aveva i bordi curvi molto regolari.

Eratostene osservò che nel solstizio d'estate, cioè quando

nell'emisfero boreale il Sole raggiunge la sua massima elevazione, nella città di Siene (Assuan) a mezzogiorno, i suoi raggi erano pressoché verticali ("*Il Sole si specchiava nel fondo dei pozzi*"). Nello stesso giorno, a mezzogiorno, nella città di Alessandria i raggi del Sole non erano verticali, ma formavano con la verticale un angolo α di sette gradi e dodici primi (7º 12'). Eratostene conosceva la distanza che intercorreva tra Siene e Alessandria misurata in *stadi* e corrispondente a circa 785 Km. Se teniamo valide le ipotesi implicite nel ragionamento di Eratostene:

a) In ogni punto della superficie terrestre la verticale è diretta verso il centro della Terra.

b) La distanza fra la Terra e il Sole è molto grande rispetto alla dimensione della Terra, perciò i raggi del Sole si possono considerare paralleli.

c) Alessandria si trova perfettamente a Nord di Siene, cosicché il mezzogiorno è simultaneo in entrambe le città.

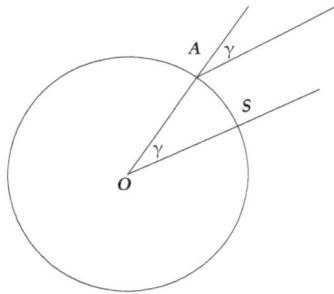

Allora, con riferimento alla figura (l'ampiezza dell'angolo α è stata amplificata per una maggiore evidenza), tagliamo la Terra con un piano che passa per il suo centro O e contenga i punti S (Siene) e A (Alessandria), oltre, naturalmente, il Sole. Risulta chiaro che la verticale del Sole con la verticale nel punto A, ha la stessa ampiezza dell'angolo

S^OA. La lunghezza dell'arco fra A e S (distanza tra Siene e Alessandria) è in proporzione con l'intera circonferenza della Terra. Siccome 12' = 1/5 di 1º si ha:

$$785 : x = 7 + 1/5 : 360$$
da cui:
$$(7 + 1/5) \cdot x = 785 \cdot 360$$
ossia:
$$x = 5 \cdot 10 \cdot 785 = 39.250$$

Se teniamo conto che oggi stimiamo la circonferenza della Terra in 40.000 Km la misura ottenuta da Eratostene era piuttosto precisa.

II

L'irrazionalità di π

Fin dall'antichità pi-greco è il rapporto tra la circonferenza e il diametro del cerchio che sono tra loro due grandezze incommensurabili: π = c/2r (fig. 1).

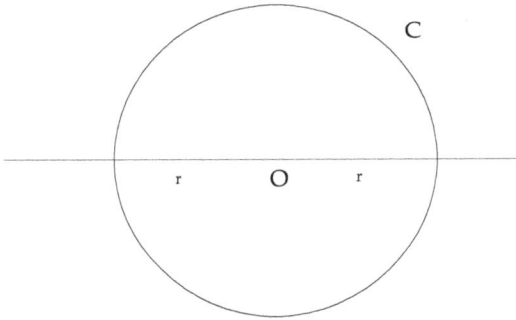

fig. 1

Tale rapporto è un invariante, non varia cioè al variare del raggio del cerchio in un piano in cui siano validi il teorema di Pitagora e il teorema di Talete (di Mileto; 624 – 548 a. C. (?)) [v. App. II/1]. Come dire π è invariante nel piano *euclideo*. Ma anche nel piano *non-euclideo iperbolico* di N. I. Lobačevskij (Nikolaj Ivanovic Lobačevskij; 1792 - 1856), π è usato per il calcolo della circonferenza di un cerchio: c = πk($e^{r/k}$ – 1/$e^{r/k}$), dove k è la costante del *piano iperbolico* ed *e* l'irrazionale esponenziale. Al variare di r, raggio del cerchio, la formula resta immutata e π è invariante nel *piano iperbolico*.

Pi-greco può essere definito come rapporto tra la superficie del cerchio e il quadrato del suo raggio: $\pi = S/r^2$. Questa definizione è equivalente alla precedente. Infatti, scomponendo un poligono regolare di n lati inscritto in un cerchio in una sequenza di n triangoli isosceli uguali (assimilabili a settori circolari all'aumentare di n) con il vertice nel centro del cerchio (fig. 2) si ha: $S = r \cdot n \cdot l/2 = n \cdot l \cdot r/2$. Quando n $\rightarrow$ $+\infty$, $n \cdot l \rightarrow c$ e quindi $S = c \cdot r/2$, ma $c = 2\pi r$ e quindi $S = \pi r^2$.

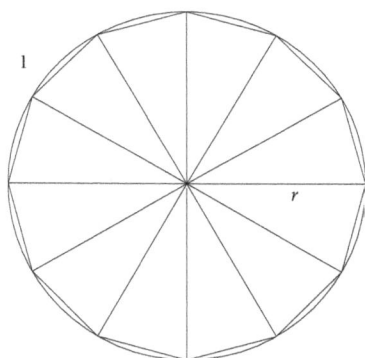

fig. 2

Dopo Archimede π divenne il numero matematico *puro* e rappresentò una sfida per i matematici di due millenni. Tuttavia nulla di nuovo si ebbe dopo di lui, se non approssimazioni sempre più precise.

Claudio Tolomeo (100 -170) [v. App. II/2] nei suoi calcoli astronomici utilizza $\pi = 3+8/60+30/60^2 = 3+17/120 = 377/120 = 3,141(6)$.

Nel 1596 Ludolph van Ceulen (o Keulen; Hildesheim 1539 – Leida 1610(?)), professore all'Università di Leida, in Olanda, utilizzando il metodo di Archimede, nel 1596 calcola 20 cifre decimali di π con un poligono di 60×2^{33} lati. Nel 1609 arriva a 35 decimali di π.

François Viète (latinizzato Franciscus Vieta; Fontenay-le-Comte 1540 – Parigi 1603), usando considerazioni geometriche elementari su un poligono di 2^n lati, scrisse la prima formula infinita di π (v. fig. 3).

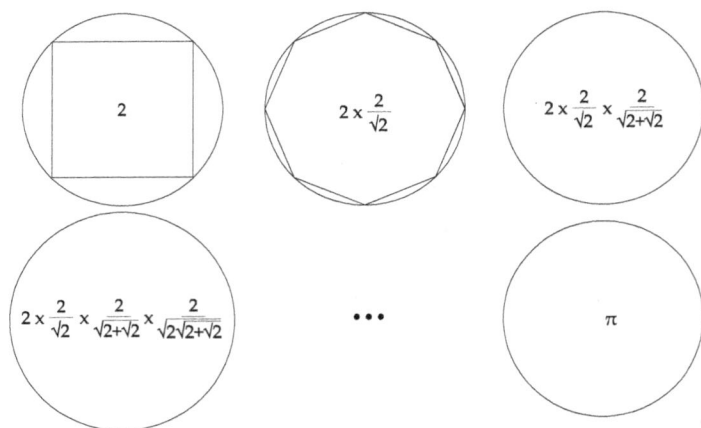

fig. 3

Il numero 2 corrisponde all'area di un quadrato inscritto in un cerchio di raggio 1. Il numero $2 \times 2/\sqrt{2} = 2 \times 1/\cos(\pi/4)$ corrisponde all'area dell'ottagono. Si moltiplica per $1/\cos(\pi/8)$ per passare al poligono di 32 lati, e così via. Questi passaggi sono consentiti dalla formula:

$$\cos \alpha = \frac{\sqrt{2\cos\alpha + 2}}{2}$$

Infatti:

$$\cos \alpha = \frac{\sqrt{2\cos\alpha + 2}}{2} = \frac{\sqrt{2(\cos 2\alpha + 1)}}{2} = \frac{\sqrt{2}}{2}\sqrt{\cos 2\alpha + 1} =$$

$$\frac{\sqrt{2}}{2}\sqrt{\cos^2 \alpha - sen^2 \alpha + \cos^2 \alpha + sen^2 \alpha} = \frac{\sqrt{2}}{2} \cdot \sqrt{2}\cos\alpha = \frac{2}{2}\cos\alpha = \cos\alpha$$

Nel 1621 Willebrord Snellius (Leida 1580 – 1626) utilizza le funzioni trigonometriche per il calcolo approssimato di π. Egli approssima per eccesso e per difetto un arco di cerchio con segmenti di retta, utilizzando la formula:

$$\frac{3 sen\alpha}{2 + \cos\alpha} < a < \frac{2 + sen\alpha + tg\alpha}{3}$$

la quale offre un metodo per calcolare π. Infatti, per certi valori dell'angolo, per esempio della forma $\pi/(3 \times 2^{(n-1)})$ nei poligoni regolari di 3×2^n lati, senα, cosα, tgα, sono espressi da valori irrazionali. Considerando una circonferenza suddivisa in sei archi (n = 2) la formula di Snellius dà la stessa precisione del *metodo di esaustione* di Archimede per un poligono di 96 lati. La formula di cui sopra è dimostrabile se teniamo conto che per valori piccolissimi l'angolo coincide con il corrispondente arco. Con riferimento alla fig. 4a:

$$arco(BF) = 3\alpha r < BG_1$$
$$BG_1/E_1B = tg\alpha \rightarrow BG_1 = E_1Btg\alpha$$
$$E_1 B = r(2\cos\alpha + 1)$$
$$BG_1 = r(2\cos\alpha + 1)tg\alpha = r(2sen\alpha + tg\alpha)$$

Da cui: $3\alpha r < r(2sen\alpha + tg\alpha) \rightarrow \alpha < (2sen\alpha + tg\alpha)/3$

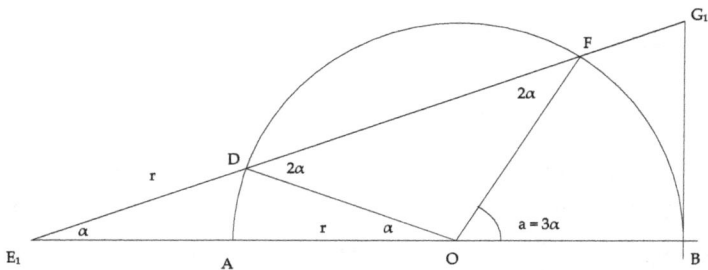

fig. 4a

Con riferimento alla fig. 4b:

$$\text{arco(BF)} = ar > BG2$$
$$BG_2 / E_2 B = HF/E_2 H = r\text{sen}\alpha/(2r + r\cos\alpha)$$
$$BG_2 = 3r(\text{sen}\alpha/(2 + \cos\alpha))$$

Da cui: $ar > 3r(\text{sen}\alpha/(2 + \cos\alpha)) \rightarrow a > 3\text{sen}\alpha/(2 + \cos\alpha)$

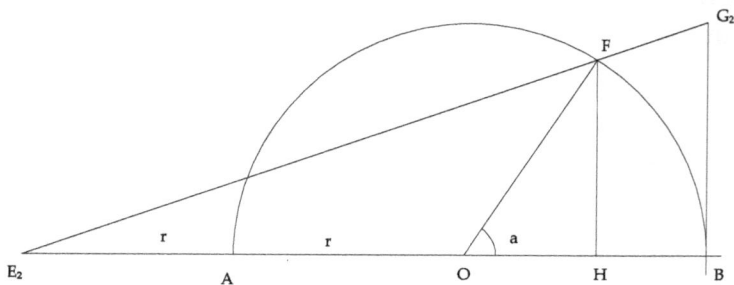

fig. 4b

Posto $\alpha = a$ risulta: $\qquad \dfrac{3sen\alpha}{2+cos\alpha} < a < \dfrac{2+sen\alpha+tga}{3}$

René Descartes (Cartesio)

René Descartes (Cartesio; La Haye en Touraine; 1596 – Stoccolma 1650) [v. App. II/3] si occupò della *quadratura del cerchio* usando il metodo degli *isoperimetri*. Esso consiste nel fissare la lunghezza di un perimetro e costruire una successione di poligoni aventi lo stesso perimetro ma con un numero di lati sempre più grande. Si consideri una successione di poligoni regolari P_0, P_1, P_2, ..., P_n aventi tutti lo stesso perimetro p. Supposto P_n di 2^{n+2} lati, si indichi con A_nB_n un suo lato, O il centro del cerchio circoscritto al poligono e H_n il punto medio di A_nB_n. Posto $OH_n = r_n$, sia E il punto medio dell'arco A_nB_n, A_{n+1} il punto medio della corda A_nE e B_{n+1} il punto medio della corda B_nE. $A_{n+1}B_{n+1}$ è il lato del poligono P_{n+1} e vale $A_nB_n/2$. Siccome i triangoli $OH_{n+1}A_{n+1}$ e $A_{n+1}H_{n+1}E$ sono simili ne segue la seguente dimostrazione:

$$(A_{n+1}H_{n+1})^2 = EH_{n+1} \times H_{n+1}O$$

$$EH_{n+1} = H_{n+1}H_n = r_{n+1} - r_n$$

$$A_{n+1}H_{n+1} = \frac{(A_nH_n)}{2} = \frac{(A_0H_0)}{2^{n+1}} = \frac{r_0}{2^{n+1}}$$

$$(r_{n+1})^2 - r \bullet r_{n+1} - \frac{r_0^{\,2}}{4^{n+1}} = 0$$

$$r_{n+1} = \frac{r_n + \sqrt{r_n^2 + \dfrac{r_0^{\,2}}{4^n}}}{2}$$

In fig. 5 è rappresentato il primo passaggio di questo procedimento. Dal quadrato di lato A_0B_0 all'ottagono di lato A_1B_1.

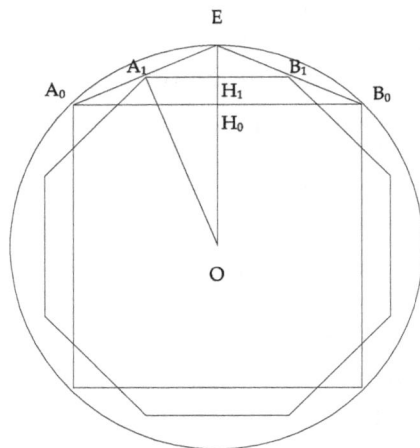

fig. 5

In ciascuno di questi passaggi il perimetro dei poligoni è lo stesso, mentre il raggio dei cerchi ad essi circoscritti diminuisce. Al limite il *metodo degli isoperimetri* dà un raggio del cerchio circoscritto ai poligoni che è in rapporto 2π con il perimetro p fissato in partenza e permette quindi di tracciare π con la precisione voluta. Per raggiungere però il risultato perfetto c'è bisogno di infiniti passaggi.

***

L'irrazionalità di pi-greco fu dimostrata per la prima volta nel 1768 da Lambert (Johann Heinrich Lambert; Mulhouse 1728 – Berlino 1777) [v. App. II/ 4]. La dimostrazione di Lambert prevede tre passi:

1° Passo: Ogni numero che può scriversi sotto forma di frazione continua dove la successione di a_i e b_i se verificano certe condizioni è irrazionale:

$$b_0 + \cfrac{a_0}{b_1 + \cfrac{a_1}{b_2 + \cfrac{a_2}{\ddots\,b_{n-1} + \cfrac{a_n}{b_n + \cdots}}}}$$

2° Passo: Essendo

$$tg\,x = \cfrac{x}{1 - \cfrac{x^2}{3 - \cfrac{x^2}{5 - \cfrac{x^2}{\cdots}}}}$$

3° Passo: Se π è razionale, per $x = \pi/4$, da una certa posizione in avanti $x^2 = (\pi/4)^2$ è irrazionale, ma $\mathrm{tg}(\pi/4) = 1$, quindi ciò è assurdo, perciò π è irrazionale. C.V.D.

Appendici al Capitolo II

Appendice II/1

Gli antichi sono unanimi nel giudicare Talete un uomo di intelligenza fuori dal comune e nel considerarlo come il primo filosofo, anzi come il primo dei Sette Saggi. *"Talete di Mileto fu senza dubbio il più importante tra quei sette uomini famosi per la loro sapienza. Tra i Greci fu il primo scopritore della geometria, l'osservatore sicurissimo della natura, lo studioso dottissimo delle stelle"* (Apuleio). La lista dei sette saggi attribuita a Platone, oltre a Talete, comprende: Solone di Atene, Biante di Piene, Pittaco di Mitilene, Cleobulo di Lindo, Chilone di Sparta, Misone di Chene.

Sulla vita e le opere di Talete si sa molto poco. La sua nascita e la sua morte sono state calcolate basandosi su l'eclissi del 585 a.C., da lui prevista. L'eclissi ebbe luogo probabilmente quando egli era ancora intorno ai quaranta, e supponendo che avesse ottanta anni alla sua morte.

La leggenda narra che Talete abbia misurato l'altezza della piramide di Cheope calcolando il rapporto tra la sua ombra e quella di un'asta di altezza nota, nel momento del giorno in cui tale ombra ha la stessa lunghezza dell'altezza dell'asta. Piantata l'asta al limite dell'ombra proiettata dalla piramide, poiché i raggi del sole, investendo l'asta e la piramide, formavano due triangoli, ha dimostrato che l'altezza dell'asta e quella della piramide stanno nella stessa proporzione in cui stanno le loro ombre. Plutarco racconta che fu il faraone Amasis a mettere alla prova la perizia scientifica di Talete, sfidandolo a misurare l'altezza della piramide di Cheope. Superata la prova, il faraone gli espresse la sua ammirazione, dichiarandosi *"stupefatto del modo in cui hai misurato la piramide senza il minimo imbarazzo e senza strumenti"*. Da questa sfida egli trasse il famoso *Teorema di Talete*: *"Se un fascio di rette sono tagliate da due trasversali, a segmenti uguali o in una certa proporzione dell'una, corrispondono segmenti uguali o nella stessa proporzione sull'altra"*.

Pare comunque che il teorema fu enunciato successivamente da Euclide nei suoi *Elementi*. Fu Euclide, infatti, a dimostrare la proporzionalità dell'area dei triangoli di uguale altezza.

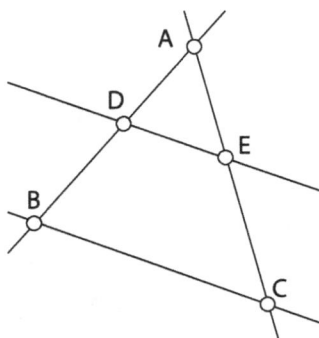

Proclo, il commentatore di Euclide, attribuisce a Talete anche cinque teoremi di geometria elementare:
"*Un cerchio è diviso in due aree uguali da qualunque diametro*"
"*Gli angoli alla base di un triangolo isoscele sono uguali*"
"*In due rette che si taglino fra loro, gli angoli opposti al vertice sono uguali*"
"*Due triangoli sono uguali se hanno un lato e i due angoli adiacenti uguali*"
"*Un triangolo inscritto in una semicirconferenza è rettangolo*"

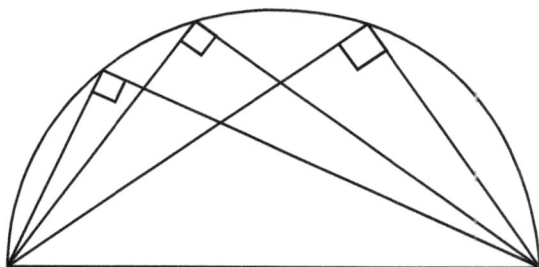

Appendice II/2

Tolomeo fu astronomo e geografo. È considerato uno dei padri della geografia. Fu autore di importanti opere scientifiche tra le quali il trattato astronomico noto con il nome di *Almagesto*. In questo lavoro, una delle opere scientifiche più influenti dell'antichità, Tolomeo raccolse la conoscenza astronomica del mondo greco basandosi soprattutto sul lavoro svolto tre secoli prima da Ipparco. Tolomeo formulò un *modello geocentrico*, in cui solo il Sole e la Luna, considerati pianeti, avevano il proprio epiciclo, ossia la circonferenza sulla quale si muovevano, centrata direttamente sulla Terra. Questo modello del sistema solare, che da lui prenderà il nome di *sistema tolemaico*, rimase di riferimento per tutto il mondo occidentale e arabo fino a quando non fu sostituito dal modello di *sistema solare eliocentrico* dell'astronomo polacco Copernico (Niccolò Copernico; 1473 – 1543).

Appendice II/3

Renè Descartes, latinizzato in Renatus Cartesius e italianizzato in Renato Cartesio, estese la concezione razionalistica della conoscenza alla precisione e alla certezza della matematica, dando vita a quello che fu definito *razionalismo continentale*: un movimento filosofico che fu dominante in Europa tra il XVII e XVIII secolo. Egli è ritenuto il fondatore della filosofia e della matematica moderna. Secondo Cartesio solo due fenomeni non possono essere descritti mediante sistemi meccanici/matematici: la *mente* e il *linguaggio*, perciò, per esse, era necessaria una spiegazione al di fuori del dominio della scienza, e quindi in un dominio ontologicamente separato dalla materia. Tra la materia e il pensiero non poteva esistere alcuna influenza di tipo casuale. Il dualismo cartesiano è un concetto che risale a

Platone. In Cartesio esso si esplica soprattutto nella dualità mente - corpo. Negli ultimi anni della sua vita, nello scritto *Le passioni dell'anima*, sostenne che la mente (o anima) e corpo non sono separati ma intimamente mischiati. Esisterebbe un punto privilegiato nel quale mente e corpo interagiscono: la ghiandola pineale (o epifesi, situata al centro del cervello; v. *Nota*). Nel corpo umano, attraverso i nervi, correrebbero certi *spiriti animali* che funzionano da messaggeri per i nostri sensi, interagendo così con la mente. A lui è attribuita la frase: *cogito ergo sum*.

Nota: La ghiandola pineale (epifesi, definita anche *terzo occhio*) produce il DMT (*dimetiltriptammina*), sostanza in grado di portare l'individuo ad avere viaggi extradimensionali e extratemporali. Ciò accade prevalentemente di notte durante i sogni, quando la ghiandola pineale è maggiormente attiva. Apparentemente oggi non si dà molta importanza al terzo occhio. Ciò ha portato alla atrofizzazione graduale di tale organo e al conseguente calo dell'immaginazione e della spiritualità. Pare che sia stato riscontrato che la graduale atrofizzazione dell'epifesi sia in stretta correlazione con un certo rimbambimento del genere umano.

Appendice II/4

I. H. Lambert fu un pioniere della geometria non-euclidea.

III

La trascendenza di π

Fu l'avvento dell'analisi matematica a dare l'impulso ai più significativi sviluppi alla conoscenza di π.

Il lavoro di John Wallis (Ashfor 1616 – Cambridge 1703) [v. App. III/1] sui prodotti infiniti anticipa il *calcolo infinitesimale* di Leibniz e di Newton. Egli trovò per π la seguente formula di prodotto infinito, pubblicata nel 1665 nella sua opera *Arithmetica Infinitorum*:

$$\pi = 2 \times \frac{2 \times 2}{1 \times 3} \times \frac{4 \times 4}{3 \times 5} \times \frac{6 \times 6}{5 \times 7} \times \frac{8 \times 8}{7 \times 9} \times \ldots$$

che potrebbe anche essere scritta:

$$\pi = 2 \prod_{p=1}^{\infty} \frac{4p^2}{(2p-1)(2p+1)} = 2 \prod_{p=1}^{\infty} \left(1 - \frac{1}{4p^2}\right)^{-1} = \lim_{n \to \infty} \frac{2^{4n} \times n!^4}{n \times (2n)!^2}$$

Il metodo di Wallis consiste nello studiare l'area di un quarto di circonferenza con centro in O e raggio 1, e dunque di equazione $x^2 + y^2 = 1$, da cui $y^2 = 1 - x^2$, e quindi: $y = \sqrt{(1 - x^2)}$.
Egli considera le aree delimitate dalle curve di equazione:

$$y = (1 - x^2)^h$$

per diversi valori di h (v. fig. 1). Per h = 1/2 si ha il quarto di cerchio.

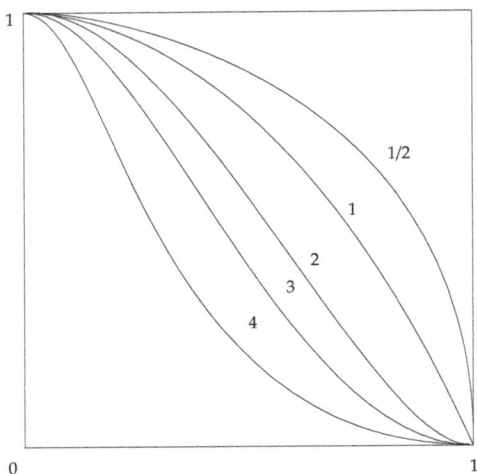

fig. 1

Scompose tali curve in piccoli rettangoli, e studiando la
formula:

$$S_p = 1 + 2^p + 3^p + \ldots + n^p$$

riuscì a riconoscere talune proprietà di queste curve che
lo condussero alla sua famosa formula per il calcolo di π.
Quella di Wallis è una formula veramente interessante
perché è la prima formula infinita di π nella quale non
compaiono radicali. Comunque, come si nota dallo sche-
ma sotto riportato, le prime tre cifre esatte di π si ottengono dopo un considerevole numero di moltiplicazioni.

$$2 \times \frac{2 \times 2}{1 \times 3} \times \frac{4 \times 4}{3 \times 5} = 2,8444444444$$

$$2 \times \frac{2 \times 2}{1 \times 3} \times \frac{4 \times 4}{3 \times 5} \times \frac{6 \times 6}{5 \times 7} = 2,9257142857$$

$$2 \times \frac{2 \times 2}{1 \times 3} \times \frac{4 \times 4}{3 \times 5} \times \frac{6 \times 6}{5 \times 7} \times \frac{8 \times 8}{7 \times 9} = 2,9721541950$$

$$2 \times \frac{2 \times 2}{1 \times 3} \times \frac{4 \times 4}{3 \times 5} \times \frac{6 \times 6}{5 \times 7} \times \frac{8 \times 8}{7 \times 9} \times \frac{10 \times 10}{9 \times 11} = 3,0021759545$$

$$2 \times \frac{2 \times 2}{1 \times 3} \times \frac{4 \times 4}{3 \times 5} \times \frac{6 \times 6}{5 \times 7} \times \frac{8 \times 8}{7 \times 9} \dots \frac{50 \times 50}{49 \times 51} = 3,1260789002$$

$$2 \times \frac{2 \times 2}{1 \times 3} \times \frac{4 \times 4}{3 \times 5} \times \frac{6 \times 6}{5 \times 7} \times \frac{8 \times 8}{7 \times 9} \dots \frac{500 \times 500}{499 \times 501} = 3,14002381$$

$$2 \times \frac{2 \times 2}{1 \times 3} \times \frac{4 \times 4}{3 \times 5} \times \frac{6 \times 6}{5 \times 7} \times \frac{8 \times 8}{7 \times 9} \dots \frac{5000 \times 5000}{4999 \times 5001} = 3,1414355$$

John Wallis dimostrò che la pretesa dimostrazione di Thomas Hobbes (Westport 1588 – Hardwick Hall 1679) al problema della *quadratura del cerchio* era falsa [v. App. III/2].

William Brouncker (Castlelyons, Irlanda, 1620 – Oxford 1684) fu con John Wallis un fondatore della *Royal Society*. Egli trasformò la formula di Wallis del prodotto infinito in:

$$\frac{4}{\pi} = 1 + \cfrac{1}{2 + \cfrac{3^2}{2 + \cfrac{5^2}{2 + \cfrac{\dots}{\dots + \cfrac{(2n+1)^2}{2 + \dots}}}}}$$

Si occupò delle *frazioni continue* del tipo:

$$a_0 + \dfrac{b_0}{a_1} \;\; ; \; a_0 + \cfrac{b_0}{a_1 + \cfrac{b_1}{a_2}} \;\; ; \; \dots \dots; \; a_0 + \cfrac{b_0}{a_1 + \cfrac{b_1}{a_2 + \cfrac{\dots}{\dots + b_n}}}$$

Le quali possono anche essere scritte con la notazione:

$$a_0 + b_0/(a_1 + b_1/(a_2 + b_2/(a_3 + \dots b_n(a_n + \dots) + \dots)$$

e dimostrò una proprietà notevole di queste frazioni: *un numero è razionale se e solo se la sua frazione continua è regolare e finita*. Siccome π è irrazionale esso si scrive sotto forma di *frazione continua* infinita con la notazione:

$$\pi = 3 + 1/(7 + 1/(15 + 1/(1 + 1/(292 + 1/(1 + \dots) \dots)$$

Considerando un numero finito di elementi di questo sviluppo, si ottengono le cosiddette *frazioni ridotte* che danno approssimazioni piuttosto precise di π:

3/1   22/7   333/106   355/113 … 103993/33102 …

James Gregory (Drumoak 1638 – Edimburgo 1675) oltre che matematico fu astronomo e inventore del telescopio a specchio secondario concavo. Egli tentò invano di dimostrare che il problema della *quadratura del cerchio* era impossibile da risolvere. Verso la metà del '600, tra i matematici più illuminati, cominciò a farsi strada l'idea che il problema era impossibile, e, anziché cercarne la soluzione, tentarono di dimostrarne la sua impossibilità. Gregory era convinto di aver raggiunto tale scopo, ma Leibniz e altri matematici evidenziarono nella sua dimostrazione alcune incongruenze logiche.

James Gregory fu lo scopritore della formula:

$$arctg(x) = x - \frac{x^3}{3} + \frac{x^5}{5} - \frac{x^7}{7} + \dots = \sum_{k=0}^{\infty} \frac{(-1)^k x^{2k+1}}{(2k+1)}$$

in quanto primitiva di $1/(1 + x^2) = 1 - x^2 + x^4 - x^6 + x^8 - \dots$
La sua formula fu alla base del calcolo di π. Infatti per x = 1 si ottiene:

$$\pi = 4\left(1 - \frac{1}{3} + \frac{1}{5} - \frac{1}{7} + \dots\right) = 4 \cdot \sum_{k=0}^{\infty} \frac{(-1)^k}{2k+1}$$

La quale, seppure molto lentamente, converge a π, e per k grandi dà valori piuttosto esatti. La convergenza è più veloce per x < 1, perché più x si avvicina allo 0 più la serie converge velocemente. Pare che la formula di Gregory fosse già conosciuta in India fin dal 1400, ma era sconosciuta in Europa.

G. W. Leibniz

G. W. Leibniz (Lipsia 1646 – Hannover 1716), filosofo e matematico, assieme a Newton fu il primo a teorizzare e fare uso del *passaggio al limite*. Partendo dalla formula di Gregory, per trasformazione, ottenne la formula:

$$\pi = 8 \cdot \left(\frac{4}{1 \times 3} + \frac{1}{5 \times 7} + \frac{1}{9 \times 11} + \dots \right) = 8 \cdot \sum_{k=0}^{\infty} \frac{1}{(4k+1)(4k+3)}$$

che converge più velocemente.

Isaac Newton

Isaac Newton (Colsterworth 1642 – Londra 1727) con Leibniz fu l'iniziatore del *calcolo differenziale*. Tra loro ci fu un'acerrima contesa sulla priorità della scoperta. Gli storici moderni assegnano a entrambi il primato, sostenendo che raggiunsero i risultati partendo da presupposti differenti: filosofici quelli di Leibniz, meccanici e fisici quelli di Newton.

Newton trovò un'interessante formula per il calcolo di π. Partendo dalla formula dello sviluppo del binomio:

$$(1+x)^n = 1 + \binom{n}{1}x + \binom{n}{2}x^2 + \binom{n}{3}x^3 + \cdots + x^n$$

$$\binom{n}{i} = \frac{n!}{i! \cdot (n-i)!}$$

che si può anche scrivere:

$$(1+x)^n = 1 + nx + \frac{n(n-1)}{2}x^2 + \frac{n(n-1)(n-2)}{(2 \times 3)}x^3 + \frac{n(n-1)\ldots(n-p+1)}{p}x^p + \cdots + x^n$$

Essa si può generalizzare prolungandola all'infinito:

$$(1+x)^\alpha = 1 + \alpha x + \frac{\alpha(\alpha-1)}{2}x^2 + \frac{\alpha(\alpha-1)(\alpha-2)}{2 \times 3}x^3 + \cdots + \frac{\alpha(\alpha-1)\ldots(\alpha-p+1)}{p!}x^p + \cdots$$

Siccome:

$$arcsen(x) = x + \frac{1}{2} \cdot \frac{x^3}{3} + \frac{1 \cdot 3}{2 \cdot 4} \cdot \frac{x^5}{5} + \cdots + \frac{1 \cdot 3 \cdot \ldots \cdot (2p-1)}{2 \cdot 4 \cdot \ldots \cdot (2p)} \cdot \frac{x^{2p+1}}{2p+1} + \cdots$$

si ottiene:

$$\pi = 6 \cdot \left(\frac{1}{2} + \frac{1}{2} \cdot \frac{1}{3} \cdot \frac{1}{2^3} + \cdots + \frac{1 \cdot 3 \cdot \ldots \cdot (2p-1)}{2 \cdot 4 \cdot \ldots \cdot 2p} \cdot \frac{1}{2p+1} \cdot \frac{1}{2^{2p+1}} + \cdots \right)$$

Quella di Newton è una formula che converge rapidamente a π.

Eulero

Eulero (Leonhard Euler; Basilea 1707 – San Pietroburgo 1783) [v. App. III/3] scoprì molteplici formule su π, tra le quali:

$$\pi^2/6 = 1 + 1/4 + 1/9 + \ldots + 1/n^2 + \ldots$$

dalla essa si ha $\pi = \sqrt{6(1 + 1/4 + 1/9 + \ldots + 1/n^2 + \ldots)}$.

All'aumentare di n essa offre approssimazioni di π sempre più precise. Per n = 1000 si ha π = 3,14063805. Con un metodo analogo Eulero trovò che:

$$\pi^2/8 = 1 + 1/3^2 + 1/5^2 + \ldots 1/(2n+1)^2 + \ldots$$

la quale, per n = 100, dà π = 3,14159265.

Eulero utilizzò il simbolo π nel suo trattato sulle serie infinite: *Variae observationes circas series infinitas*. Fu la sua fama di grande matematico a imporre definitivamente la notazione π per indicare il rapporto tra la circonferenza e il suo diametro.

Tra le tante formule moderne per il calcolo di π, menzioniamo quella del matematico indiano Srinivasa Ramanujan (1887 – 1920) [v. App. III/4].

$$\pi = (102 - 2222/22^2)^{1/4} = 3,14159265358$$

Una formula strana, come tante altre da lui inventate senza darne alcuna dimostrazione.

Nel 1985 William Gosper, usando una formula di Ramanujan inserita in un computer, calcolò 17 milioni di decimali di π.

Charles Hermite (Dieuze 1822 – Parigi 1901) nel 1873 dimostrò la trascendenza della costante e. Tentò senza riuscirvi di dimostrare la trascendenza dell'invariante π. Il suo lavoro fu ripreso da Ferdinand von Lindemann (cit) il quale la dimostrò nel 1882. Le dimostrazioni della trascendenza di e e di π sono alquanto complicate e necessitano di approfondite conoscenze dell'analisi matematica; esse, comunque, non rientrano nello scopo prevalentemente divulgativo e didattico di questo saggio. Per esse si rimanda ai testi di A. Baker (Alan Baker, n. 1939): *Transcendental number theory*, Cambridge Mathematical Library 1975, e di D. H. Bailey: *Numerical result of the transcendence or costant involving π, e and Euler costant in mathematics computation* (1988). Nei testi citati le dimostrazioni di Hermite e von Lindemann sono il risultato delle semplificazioni a esse apportate da K. Weirstrass (Karl Weirstrass; Ostenfelde

1815 - Berlín 1897) e D. Hilbert (David Hilbert; Königsberg 1862 – Gottinga 1943).

Un antico problema, risalente al 500 a.c., ha occupato le menti d'insigni matematici per più di duemila anni. Solo grazie ai progressi e alle nuove scoperte in ogni campo della matematica esso ha trovato piena e soddisfacente spiegazione.

Appendici al Capitolo III

Appendice III/1

A John Wallis è attribuito l'uso del simbolo ∞ per indicare l'infinito e tanti altri simboli usati in matematica, come < e >.

Appendice III/2

Thomas Hobbes era un filosofo che si dilettava di geometria. Nel 1665, all'età di 77 anni pubblicò un trattato nel quale pretendeva di aver risolto i tre classici problemi matematici: *la quadratura del cerchio, la cubatura della sfera, la duplicazione del cubo*. In figura è rappresentata la copertina del suo trattato, stampato a Londra nel 1669. In esso egli affermava, senza alcuna esitazione, di aver trovato la soluzione al problema della *quadratura del cerchio*. John Wallis denunciò i numerosi errori da lui commessi. Fu l'inizio di una controversia che durò fino alla morte di Hobbes avvenuta nel 1679.

Quadratura Circuli,
Cubatio Sphæræ,
Duplicatio Cubi,

Brevüer demonstrata.

Auct. Tho. Hobbes.

L O N D I N I:
Excudebat J. C. Sumptibus Andreæ Crooke. 1669.

Hobbes pubblicò il suo trattato più di cento anni prima
che la Reale Accademia delle Scienze di Parigi, nel 1775,
rinunciò a esaminare le tantissime presunte "soluzioni" di
tali problemi. Di seguito, in sintesi, è riportato il testo nel
quale giustificava la decisione.

Reale Accademia delle Scienze di Parigi, anno 1775

*L'accademia ha deciso, quest'anno di non prendere più in esame
alcuna soluzione dei problemi della duplicazione del cubo, della
trisezione dell'angolo, o della quadratura del cerchio, né alcuna
macchina che pretenda di realizzare il moto perpetuo.*
*Riteniamo opportuno rendere conto dei motivi che hanno dettato
questa decisione.*
*Il problema della duplicazione del cubo è stata sollevata dai Geci.
La leggenda narra che l'oracolo di Delo, consultato dagli ateniesi
per far cessare la peste, ordinò di costruire al dio Delo un altare a
forma di cubo doppio di quello che si trovava nel suo tempio. (…)
Il problema della quadratura del cerchio è diverso: la quadratura della parabola trovata da Archimede e quella delle lunule di
Ippocrate di Chio ingenerarono la speranza di poter quadrare il
cerchio, cioè di trovare la misura della sua superficie: Archimede
dimostrò che questo problema, e quello della rettificazione della*

circonferenza, dipendevano uno dall'altro e da allora sono stati confusi. (…)

Questa lunga esperienza è bastata per convincere l'Accademia della scarsa utilità che avrebbe per le Scienze l'esame di tutte queste pretese soluzioni.

Altre considerazioni hanno convinto l'Accademia: esiste una diceria popolare secondo la quale i Governi hanno promesso notevoli ricompense a colui che riuscirà a risolvere il problema della quadratura del cerchio; prestando fede a questa diceria, una folla di persone rinuncia a utili occupazioni per lanciarsi alla ricerca di questo problema, spesso senza conoscerlo a fondo, e sempre senza avere le necessarie conoscenze per tentarne con successo la soluzione . (…)

Parecchi avevano la sfortuna di credere di essere riusciti nell'intento, e si rifiutavano di cedere alle ragioni con cui i Geometri confutavano le loro soluzioni, che spesso non capivano, e finivano per accusarli di invidia e di malafede. A volte la loro ostinazione è degenerata in una vera follia. (…)

L'umanità esigeva dunque che l'Accademia, persuasa dell'assoluta inutilità dell'analisi delle soluzioni al problema della quadratura del cerchio, cercasse di distruggere, con una dichiarazione pubblica, opinioni popolari che sono state funeste a parecchie famiglie. (…)

La quadratura del cerchio è il solo problema rigettato dall'Accademia, che possa dar luogo a ricerche utili, e se un Geometra dovesse arrivare a risolverlo, la delibera dell'Accademia non farebbe che aumentare la sua gloria, dimostrando quale opinione hanno i Geometri delle difficoltà, per non dire dell'insolubilità del problema.

Appendice III/3

Durante l'*Illuminismo* la scienza e la filosofia ebbero un grande sviluppo. I regnanti d'Europa fondarono Accademie e si contendevano le più eccelse menti. Fin dalla giovane età Eulero fu corteggiato per le sue doti nel ragionamento matematico. Ad appena venti anni, nel 1727, accettò l'offerta dell'Accademia delle Scienze di San Pietroburgo e lì restò fino alla sua morte. Egli scoprì così tante nuove cose in matematica che l'Accademia continuò a pubblicarle per ben cinquanta anni dopo la sua dipartita. Gli interessi del matematico svizzero spaziarono dalla trigonometria alla topologia. Ma più di ogni altra cosa amava speculare sui numeri primi. Gli riuscì di dimostrare un caso particolare dell'ultimo *teorema di Fermat* ($x^n + y^n = z^n$ è impossibile per n = 3), e realizzò la tavola di tutti i numeri primi minori di 100.000.

Appendice III/4

Srinivasa Ramanujan nacque nel 1887 a Madras in India da una povera famiglia. Fin da piccolo evidenziò una spiccata predisposizione per il calcolo matematico. Tentò senza successo di diplomarsi al locale liceo. Dopo essere stato bocciato agli esami finali per ben tre volte, riuscì a diplomarsi come privatista qualche anno più tardi. Nel

1920 iniziò una corrispondenza con il matematico inglese G. H. Hardy, il quale, incuriosito dalle sue strane formule, lo invitò a trasferirsi in Inghilterra. La loro collaborazione portò a importanti scoperte sui numeri primi e notevoli contributi alla *ipotesi di Riemann*.
Ramanujan inventò migliaia di formule in tutti i campi della matematica senza darne dimostrazioni. Eppure, la gran parte di esse furono successivamente dimostrate esatte da insigni matematici. La sua *funzione* τ fu inserita da David Hilbert tra i 23 problemi matematici del XX secolo, ma non è stata ancora dimostrata. Egli è stato un matematico anomalo. Dotato di grande intuizione non amava le dimostrazioni. A suo dire le formule gli venivano suggerite nel sonno, o quand'era completamente concentrato in una sorta di stato onirico trascendentale, dalla Dea indiana Namagiri, consorte di Narasimha (il Dio Leone), quarta reincarnazione di Shri Visnu.
Ramanujan morì a 33 anni, nel 1920, di tubercolosi.

La duplicazione del cubo

"Perciò, io davvero non so niente,
tranne che saper di non sapere"
Nicola d'Oresme

I

Il problema di Delo

La duplicazione del cubo è un altro dei problemi classici della geometria. Assieme a *la quadratura del cerchio* e alla *trisezione dell'angolo* fu studiato dai geometri greci tra il 600 a.c. e il 200 a.c.. Esso ha attraversato la storia della matematica fino alla metà del 1800, quando si dimostrò che era irrisolvibile con il solo uso della riga e del compasso. Per i greci le costruzioni con riga e compasso rispondevano a una esigenza ben più profonda di quella legata all'estetica e all'eleganza. L'idea che gli elementi semplici fossero all'origine di tutte le cose doveva essere confermata anche nelle costruzioni delle figure geometriche, ricorrendo ai due strumenti essenziali della geometria: la riga e il compasso. La predilezione dei greci per tale criterio era puramente ideale, ma, d'altra parte, ogni altro strumento utilizzato per la rappresentazione pratica delle figure, così come per la risoluzione di problemi, da un punto di vista operativo, ha la stessa valenza dell'uso della riga e del compasso.

***

Il problema della duplicazione del cubo consiste nel costruire un cubo che abbia volume doppio rispetto a quello di un cubo assegnato. Indicato con l lo spigolo del cubo noto, e con x quello del cubo di volume doppio, avremo:

$$V = l^3$$
$$2V = x^3 \rightarrow V = x^3/2$$

Uguagliando
$$x^3/2 = l^3$$
$$x^3 = 2l^3$$
$$x = l \cdot \sqrt[3]{2}$$

Posto $l = 1 \rightarrow x = \sqrt[3]{2}$.

Si trattava dunque di tracciare un segmento di tale lunghezza utilizzando esclusivamente una riga non graduata e un compasso.

Il problema della duplicazione del cubo è un ampliamento di quello della duplicazione del quadrato, cioè calcolare il lato di un quadrato che abbia area doppia rispetto a un quadrato di lato dato. In formule:

$$a = l^2$$
$$2a = x^2 \rightarrow a = x^2/2$$
$$x^2/2 = l^2$$
$$x^2 = 2\, l^2$$
$$x = l \cdot \sqrt{2}$$

Posto $l = 1 \rightarrow a = 1 \rightarrow 2a = 2 \rightarrow x = \sqrt{2}$, coincidente con la diagonale del quadrato. Quindi in questo caso il problema era facilmente risolvibile con l'uso della sola riga (fig. 1).

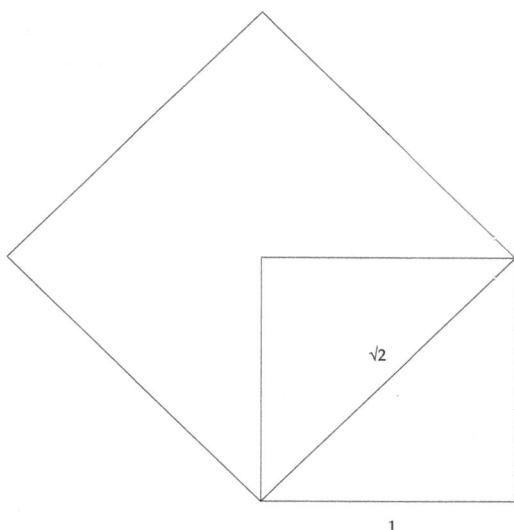

√2

1

fig. 1

Il problema della duplicazione del cubo risultò invece assai più difficile, in quanto spostava la questione dalle radici quadrate alle radici cubiche.

***

Una leggenda attribuita a Teone (di Smirne; 70 – 135) [v. App. I/1], narra che il problema della duplicazione del cubo sorse quando gli abitanti dell'isola di Delo interpellarono l'oracolo per chiedere al dio Apollo quale dono gradisse per porre fine a una terribile pestilenza che mieteva vittime tra la popolazione. Tramite l'oracolo, Apollo rispose che desiderava venisse raddoppiato il cubo posto sull'altare a lui dedicato. Gli abitanti di Delo esaudirono il desiderio costruendo un cubo di spigolo doppio rispetto al precedente, moltiplicando così per otto il suo volume. La peste anziché essere debellata aumentò, finché capirono che il dio Apollo richiedeva venisse raddoppiato il volume del cubo e non lo spigolo. Da qui il problema di calcolare il lato del cubo con volume doppio rispetto al precedente. Un'altra leggenda, riportata da Eratostene (di Alessandria; 275 – 195 (?) a. C.) [v. App. I/2] in una lettera al re Tolomeo III, narra che durante la messa in scena di una tragedia teatrale furono sollevate critiche al sepolcro a forma di cubo del re Glauco, adducendo che esso fosse inadeguato: *"Piccolo sepolcro per un re: lo si costruisca doppio conservandone la forma; si raddoppino pertanto tutti i lati"*. Eratostene scrive a re Tolomeo che l'ordine impartito era sbagliato, perché, in questo modo, si sarebbe costruito un cubo con un volume otto volte maggiore di quello precedente. E gli spiega succintamente il problema della duplicazione del cubo.

***

Fu Ippocrate (di Chio; 470 – 410 a.C.) [v. App. I/3], discepolo di Pitagora, il primo a tentare di risolvere il problema della duplicazione del cubo, applicando il metodo cosiddetto di riduzione. Esso consiste nel trasformare un problema in un altro, risolto il quale è risolto anche il problema iniziale. All'epoca già si sapeva come inserire un medio proporzionale tra due segmenti a e b conosciuti. Ciò era reso possibile dallo studio sui triangoli rettangoli e dall'applicazione del *teorema di Pitagora*. Tutti i triangoli inscritti in un semicerchio sono retti e l'altezza di uno qualsiasi di essi è media proporzionale tra le due proiezioni dei cateti sull'ipotenusa (v. fig. 2).

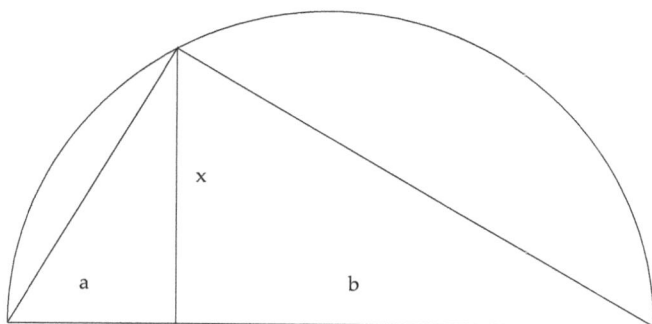

fig. 2

Pertanto erano in grado di inserire un medio proporzionale x tale che fosse valida la proporzione:

$$a:x = x:b$$

Con riferimento alla fig. 2, la costruzione è piuttosto semplice. Dati due segmenti a, b si traccia la semicirconferenza
con centro nel punto medio di a + b e di raggio uguale ad
(a + b)/2. Dall'estremo del segmento a, si traccia l'altezza x.
Essa è il medio proporzionale cercato.

Non era noto, invece, l'estensione di tale proporzione a
due segmenti x e y, medi proporzionali tra due segmenti a
e b dati. Ossia, tali che fosse valida la proporzione:

$$a:x = x:y = y:b$$

L'idea di risolvere tale questione è attribuita proprio a Ippocrate. Egli ragionò su una figura di un doppio triangolo
rettangolo così come rappresentato in fig. 3.

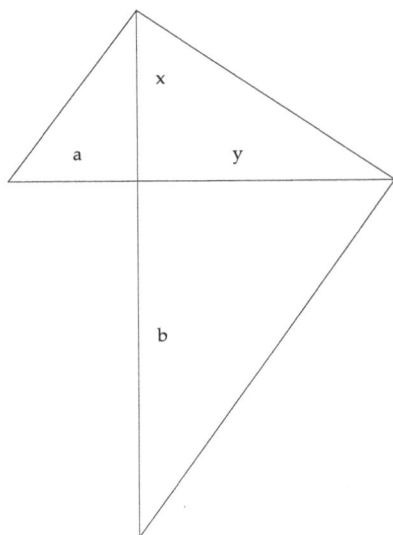

fig. 3

Dal primo triangolo rettangolo, di altezza x, si ricava la proporzione:

$$a:x = x:y$$

Dal secondo, di altezza y, si ricava la proporzione:

$$x:y = y:b$$

e quindi: $a:x = x:y = y:b$.

Con un linguaggio più moderno, il procedimento di Ippocrate può essere descritto nel seguente modo. Dati due segmenti a e b, se ne devono costruire altri due tali che formino una catena di rapporti uguali, nei quali a e b siano gli estremi:

$$a/x = x/y = y/b$$

Dal primo e dal terzo rapporto si ricava:

$$ab = xy \quad \text{da cui } y = ab/x$$

Dal primo e dal secondo rapporto si ha: $x^2 = ay$
Sostituendo si ottiene: $x^2 = a^2b/x$ da cui: $x^3 = a^2b$.
Il segmento x è quindi il lato di un cubo equivalente a un parallelepipedo rettangolo a base quadrata di lato a e di altezza b. Il parallelepipedo si trasforma in un cubo equivalente di volume m volte il volume di un cubo di lato noto se si sceglie un'altezza b = ma, con m numero razionale. Cioè: $x^3 = ma^3$. Volendo un volume doppio basta porre m = 2 e si ottiene: $x^3 = 2a^3$.
In altri termini la questione primitiva, cioè il problema della duplicazione del cubo, era stata trasformata in un problema di geometria piana.

**

Fu Eratostene a inventare uno strumento, il mesolabio [v. App. I/4], che permette di risolvere meccanicamente il problema di inserire due medi proporzionali tra due segmenti assegnati. Pare che questo strumento venisse conservato in un tempio sulla facciata del quale era riportata la dimostrazione geometrica del suo funzionamento. Tra le altre cose esso poteva essere usato a duplicare il cubo. Se il cubo assegnato ha lo spigolo di lunghezza 1, allora, come già Ippocrate aveva osservato, x è uno dei due medi proporzionali tra 1 e 2:

$$1:x = x:y = y:2$$

Infatti, dal primo e secondo rapporto, in questo caso, abbiamo $x^2 = y$; mentre dal secondo e terzo $y^2 = 2x$, da cui $y = \sqrt{(2x)}$. Sostituendo nella prima uguaglianza si ottiene $x^2 = \sqrt{(2x)}$, elevando al quadrato: $x^4 = 2x \rightarrow x^3 = 2 \rightarrow x = \sqrt[3]{2}$.

Il mesolabio di Eratostene è costituito da tre telai rettangolari della stessa dimensione, tali da poter scorrere uno sull'altro. In fig. 4 è schematizzato un mesolabio con i telai a forma quadrata. Un filo teso mediante un peso posto all'estremità, congiunge i punti A ed E, e interseca le diagonali A' C' e A"C" rispettivamente in F e G. Se i telai vengono spostati in modo tale che BC passi per F e B'C' per G, i segmenti FC e GC' soddisfano alla relazione:

$$DA:FC = FC: GC' = GC': C''E$$

Scelto FC = x e GC' = y, per il teorema di Talete (cit.), risulta valida la proporzione: a:x = x:y = y:b, con a = DA e b = C''E.

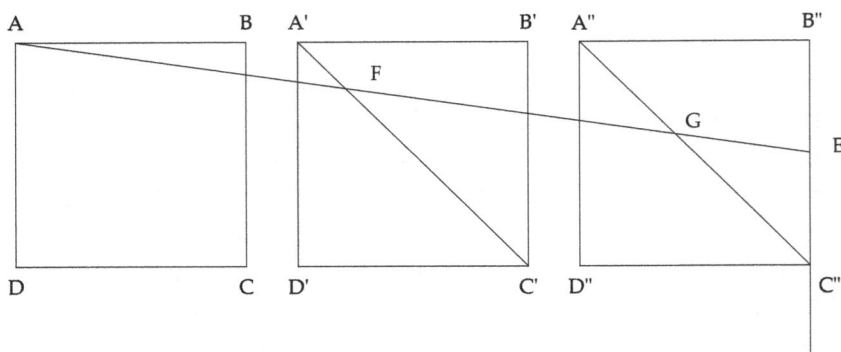

fig. 4

Appendici al Cap. I

Appendice I/1

Teone di Smirne fu filosofo e matematico greco, profondamente influenzato dalla *Scuola Pitagorica*. Egli scrisse il trattato: *Matematica utile per comprendere Platone*, nel quale, oltre a occuparsi della filosofia platonica e di astronomia, approfondisce gli studi sulla teoria dei numeri, in particolare sui numeri perfetti e i numeri primi.

La *Scuola Pitagorica* fu fondata da Pitagora a Crotone, colonia dorica sulla costa orientale della Calabria, nel 530 a.C.. In essa si studiava non solo l'aritmetica e la geometria, ma anche l'astronomia, la filosofia e la musica. Fu in questa scuola che furono compiute importanti scoperte matematiche, quali quella dei numeri irrazionali (logica conseguenza del famoso teorema di Pitagora) e dei poliedri regolari. Nel suo *Commentario* (fonte di tante e importanti informazioni sulla filosofia e la scienza nella Grecia antica), Proclo (411 – 485) scrive che i pitagorici attribuivano ai numeri proprietà non solo matematiche, ma che fossero espressione dell'intero esistente. *"Tutto è numero"* sembra che fosse scritto all'ingresso della Scuola. Per i pitagorici esiste una coppia di principi: l'*Uno: principio limitante*, la *diade: principio illimitante*. Tutti i numeri derivano da questi due principi. I numeri *dispari* dal principio limitante, i numeri *pari* da quello illimitante. Quindi, poiché i numeri si dividono in *pari* o *dispari*, e rappresentano il mondo, l'opposizione tra i numeri si riflette in tutte le cose. Da qui la divisione dualistica del mondo e la suddivisione della realtà in categorie antitetiche: i cosiddetti *opposti pitagorici*. Ecco le prime dieci coppie: bene – male; limitato – illimitato, dispari – pari, rettangolo – quadrangolo, retta – curva, luce – tenebra, maschio – femmina, uno – molteplice, movimento – stasi, destra – sinistra.

Ai numeri venivano anche attribuiti significati filosofici, geometrici e astronomici. La *monade* indicava l'*Uno*, né *pari* né *dispari*, ma entrambi. Ad esso veniva assegnato il compito di rappresentare geometricamente il punto. La *diade* (femminile, indefinito, illimitato) rappresentava l'opinione sempre duplice, e in geometria la linea. La *triade* (maschile, definito, limitato) geometricamente rappresentava il piano. La *tetrade* rappresentava la giustizia in quanto divisibile equamente da ambo le parti. In geometria è la rappresentazione di una figura solida. La *pentade* rappresentava la vita e il potere. La stella inscritta nel pentagono era il simbolo dei pitagorici. E, infine, la *decade*: il numero perfetto. Secondo la loro concezione astronomica i pianeti erano dieci. Il numero dieci veniva rappresentato da un triangolo equilatero di lato 4. Su questa figura giuravano coloro che aderivano alla Scuola. Inoltre il dieci *contiene* l'intero Universo, essendo esso dato dalla somma: 1 + 2 + 3 + 4, cioè dei quattro numeri rappresentativi dell'intera geometria.

***

Su Pitagora esistono numerose leggende. Due sono tra le più curiose. La prima narra della fobia per le fave. Non solo non le mangiava, ma evitava con esse ogni tipo di contatto. Secondo la leggenda, mentre scappava dagli sgherri di Scirone (figura mitologica greca, figlio di Poseidone), piuttosto che mettersi in salvo attraversando un campo di fave, preferì fermarsi e farsi uccidere. La seconda è legata al suo essere vegetariano. Egli è considerato l'iniziatore del *vegetarismo*. La leggenda lo descrive come un acerrimo nemico di coloro che mangiavano carne. L'uccisione degli animali per cibarsi della loro carne la considerava una crudeltà inaudita, in quanto la Terra offriva piante e frutti sufficienti a nutrire tutti gli uomini senza inutili spargimenti di sangue. Il vegetarismo di Pitagora pare sia originato dalla sua credenza nella *metenpsicosi*, per la quale negli animali non c'è un'anima diversa dagli esseri umani.

Appendice I/2

Eratostene fu il primo a compilare una tavola dei numeri primi. Egli scoprì un metodo, denominato *Crivello di Eratostene*, alquanto semplice per determinare quali numeri fossero primi, supponiamo tra 1 e 100. Scrisse per esteso l'intera sequenza, priva dello zero non previsto nella numerazione greca, e dell'uno non considerato primo; partiva dal 2 (unico primo pari) e depennò dall'elenco un numero ogni due. Eliminò così tutti i numeri pari perché divisibili per 2. Passò al 3, il primo numero primo non eliminato, e cancellò un numero ogni tre, cioè tutti i multipli di 3. Poi il 5, il 7 e così via. Ogni nuovo numero primo era usato per eliminare una parte dei numeri rimasti. Le maglie del *crivello* (setaccio) si allargano ad ogni nuova fase, fino a quando arrivato a 97 (numero primo); 98, 99 e 100 erano già stati depennati. Con questo procedimento restarono solo i numeri primi (v. fig.). Bastò un po' di pazienza per compilare la tavola dei numeri primi fino a 10.000.

2	3	~~4~~	5	~~6~~	7	~~8~~	~~9~~	~~10~~	
11	~~12~~	13	~~14~~	~~15~~	~~16~~	17	~~18~~	19	~~20~~
~~21~~	~~22~~	23	~~24~~	~~25~~	~~26~~	~~27~~	~~28~~	29	~~30~~
31	~~32~~	~~33~~	~~34~~	~~35~~	~~36~~	37	~~38~~	~~39~~	~~40~~
41	~~42~~	43	~~44~~	~~45~~	~~46~~	47	~~48~~	~~49~~	~~50~~
~~51~~	~~52~~	53	~~54~~	~~55~~	~~56~~	~~57~~	~~58~~	59	~~60~~
61	~~62~~	~~63~~	~~64~~	~~65~~	~~66~~	67	~~68~~	~~69~~	~~70~~
71	~~72~~	73	~~74~~	~~75~~	~~76~~	~~77~~	~~78~~	79	~~80~~
~~81~~	~~82~~	83	~~84~~	~~85~~	~~86~~	~~87~~	~~88~~	89	~~90~~
~~91~~	~~92~~	~~93~~	~~94~~	~~95~~	~~96~~	97	~~98~~	~~99~~	~~100~~

Eratostene fu direttore della celebre biblioteca della città di Alessandria. A lui risale il primo tentativo di misurare il raggio della Terra conoscendone la circonferenza.

Eratostene divenne cieco per una malattia agli occhi presa, nel corso di un viaggio sulle sponde del Nilo. Egli, che aveva coltivato appassionatamente l'astronomia, non poté più contemplare il cielo e ammirare l'incomparabile bellezza del firmamento nelle notti stellate. Lo splendore azzurro di Sirio non riusciva a penetrare l'oscura nebbia che velava i suoi occhi. Sopraffatto dalla sciagura e incapace di sopportare il peso della cecità, il saggio si uccise lasciandosi morire di fame, chiuso nella sua biblioteca.
(da: *L'uomo che sapeva contare* di Malba Tahan, Salani 2009)

Appendice I/3

Ippocrate è considerato uno dei più illustri geometri dell'antica Grecia. Fu membro della Scuola Pitagorica e fu il primo ad applicare il metodo detto *ab absurdum*, nel quale la correttezza di una affermazione è verificata assumendo come falsa la proposizione opposta e da ciò far discendere una contraddizione. Oltre che della duplicazione del cubo Egli si occupò del problema della quadratura del cerchio, e fu proprio durante questi studi che calcolò l'area delle lunule.

Egli era un commerciante. Poco portato agli affari perse tutto ciò che possedeva. Si trasferì ad Atene e frequentò filosofi e matematici. Qui insegnò geometria e scrisse un libro al quale diede titolo: *Elementi (Stoichéia)*, che aprì la strada ai più famosi *Elementi* di Euclide.

Appendice I/4

Così Eratostene nella lettera a re Tolomeo III spiega la scoperta del mesolabio.

Eratostene a Tolomeo saluta. Narrano che uno degli antichi poeti tragici facesse apparire sulla scena Mino nell'atto di far costruire una tomba a Glauco e che Mino accorgendosi che questa era lunga da ogni lato 100 piedi dicesse: "Piccolo spazio invero accordasi a un sepolcro di un re: raddoppialo conservando sempre la forma cubica, raddoppia subito tutti i lati del sepolcro" Ora è chiaro che egli si ingannava. Infatti duplicando i lati una figura piana si quadruplica, mentre la solida si ottuplica. Allora anche fra i geometri fu agitata la questione in qual modo si potesse duplicare una data figura solida qualunque conservandone la specie. E questo problema fu chiamato duplicazione del cubo. Dopo che tutti furono per lungo tempo titubanti, per primo Ippocrate da Chio trovò che se tra due segmenti dei quali il maggiore sia doppio del minore si iscrivono due medie in proporzione continua, il cubo sarà duplicato e così tramutò una difficoltà in un'altra non minore. Si narra poi che i Deli, spinti dall'oracolo a duplicare una certa ara, caddero nello stesso imbarazzo. Ed alcuni ambasciatori vennero inviati ai geometri che convivevano con Platone nell'Accademia, per eccitarli a cercare quanto era stato richiesto. Essi se ne occuparono con diligenza e si dice che, avendo cercato di inserire due medie tra due segmenti, Archita da Taranto vi riuscisse col semicilindro ed Eudosso invece mediante certe linee curve. Questi furono seguiti da altri, nel rendere più perfette le dimostrazioni, non però nell'effettuare la costruzione ed accomodarla alla pratica, eccettuato forse Menecmo e con gran fatica.

II

Antiche soluzioni

In questo capitolo ci occuperemo delle più interessanti soluzioni trovate dagli antichi geometri greci per risolvere il
problema della duplicazione del cubo. Si tratta di soluzioni ottenute mediante procedimenti matematici e non con
l'uso esclusivo della riga e del compasso, che, come vedre-
mo nel cap. III, è praticamente impossibile.

Riprendiamo la tripla proporzione di Ippocrate del Cap. I:

$$a{:}x = x{:}y = y{:}b$$

poniamo $b = 2a$ e scriviamola sotto forma di uguaglianza
di rapporti:

$$a/x = x/y = y/2a$$

Dalle tre uguaglianze, applicando la proprietà dei medi e
degli estremi, si ottengono tre equazioni in due incognite
x, y:

1) $x^2 = ay$
2) $y^2 = 2ax$
3) $xy = 2a^2$

La 1) è l'equazione di una parabola con asse verticale coincidente con l'asse delle ordinate e vertice nell'origine, la 2)

è l'equazione di una parabola con asse orizzontale coincidente con l'asse delle ascisse e vertice nell'origine, la 3) è l'equazione di un'iperbole che ha per asintoti gli assi coordinati. Intersecando tra loro due di queste curve si risolve il problema della duplicazione del cubo.

**

Menecmo (di Apeconesso; 380 (?) – 320 (?) a.C.) [v. App. II/1], uno dei primi matematici greci ad occuparsi delle curve coniche, in una prima soluzione interseca la parabola 1) e la parabola 2). L'ascissa del loro punto di intersezione P risolve il problema di Delo (fig. 1).

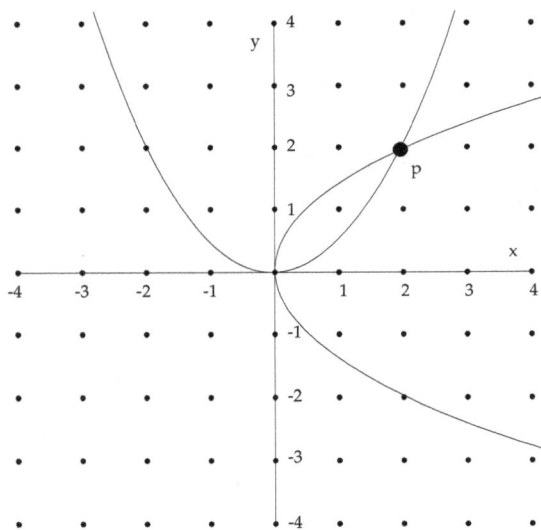

fig. 1

Infatti dalla 1) si ha $y = x^2/a$, sostituendola nella 2) con pochi passaggi algebrici si ricava: $x = a \cdot \sqrt[3]{2}$.

Nella seconda soluzione Menecmo interseca la parabola 2) con l'iperbole 3). Anche in questo caso l'ascissa di P, punto d'intersezione, risolve il problema (fig. 2).

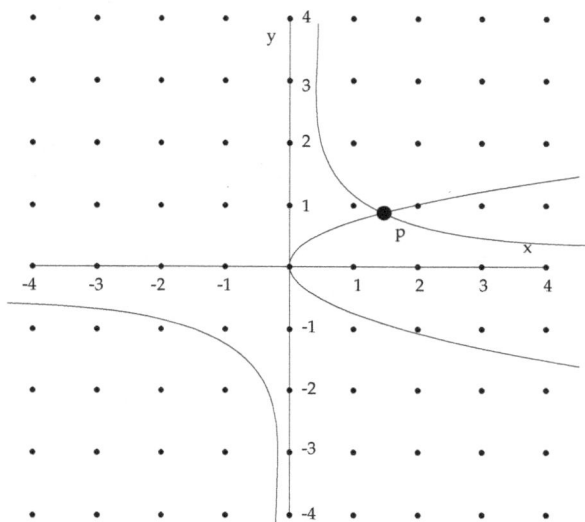

fig. 2

Dalla 2) si ricava $y = \sqrt{2}ax$, sostituendola nella 3), con pochi passaggi algebrici si risale ancora a $x = a \cdot \sqrt[3]{2}$.

In questi due procedimenti è chiaro che a sta ad indicare il lato del cubo. Nelle figure 1 e 2 si è scelto $a = 1$.

***

Diocle (di Caristo; 240 – 180 (?) a. C.) [v. App. II/2] costruì una curva, chiamata cissoide di Diocle, mediante la quale è possibile risolvere graficamente il problema della dupli-

cazione del cubo. Con riferimento alla fig. 3, la cissoide è
così costruita: si consideri una circonferenza γ di diametro
OA, una retta t ad essa tangente in A, una qualsiasi retta
r passante per O che intersechi la γ in D e la t in Q. Preso
sulla retta r un punto P tale che OP = DQ, il punto P, al
variare della retta r, descrive la cissoide. Per risalire alla
sua equazione, sia O l'origine delle coordinate, OA l'asse
x delle ascisse e t la tangente in O alla γ (asse y // t). Ancora
con riferimento alla fig. 3, uniamo A con D e da P condu-
ciamo il segmento PM perpendicolare a OA. Detto θ l'angolo A^OP = D^AQ in quanto i triangoli rettangoli OPM e
ADQ sono simili e i due angoli insistono sullo stesso arco
AD, posto OA = 2a (raggio di γ = a) si ha:

$$AQ = OA\mathrm{tg}\theta = 2a\mathrm{tg}\theta$$
$$OP = DQ = AQ\mathrm{sen}\theta = 2a\mathrm{sen}\theta\mathrm{tg}\theta$$

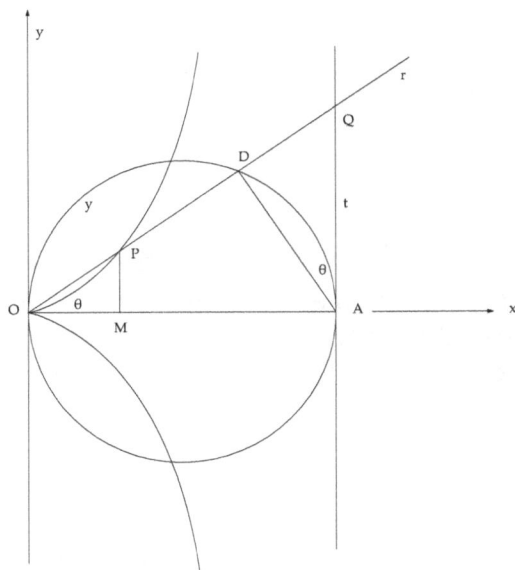

fig. 3

Se O è polo e l'asse x la polare di un sistema di coordinate polari (O,ϱ,θ), risulta immediatamente:

$$OP = \varrho = 2a\mathrm{sen}\theta\mathrm{tg}\theta$$

Usando le formule di trasformazione $x = \varrho \cdot \cos\theta$ e $y = \varrho \cdot \mathrm{sen}\theta$, essendo $\varrho = \sqrt{(x^2+y^2)}$ avremo:
$\cos\theta = x/\varrho = x/\sqrt{(x^2+y^2)}$ e $\mathrm{sen}\theta = y/\varrho = y/\sqrt{(x^2+y^2)}$, sostituendo nell'equazione polare, con pochi passaggi algebrici, si risale all'equazione cartesiana della cissoide di Diocle:

$$x^3 + xy^2 = 2ay^2$$

È una curva del terzo ordine (cubica) simmetrica all'asse delle ascisse, con un punto angoloso, cuspide, in O e asintoto verticale la retta di equazione $x = 2a$. La sua equazione esplicita è:

$$y = \pm\sqrt{x^3/(2a - x)}$$

Perciò essa risulta reale per $0 \le x < 2a$, cioè la curva ha come dominio l'intervallo [0; 2a).

Un'altra dimostrazione per risalire all'equazione cartesiana della cissoide di Diocle è riportata nella appendice 3 di questo capitolo [v. App. II/3].

Vediamo ora come la cissoide di Diocle permette di risolvere il problema della duplicazione del cubo. Con riferimento alla fig. 4, si consideri il diametro OA come unità di misura della lunghezza (OA = 1) e si ponga r = OA/2 = 1/2, raggio del cerchio. Condotta da O una generica retta y = mx, essa interseca la tangente in A, di equazione x = 1, nel punto M≡(1;m) e la cissoide in P≡(m²/(1+m²);m³/(1+m²)).

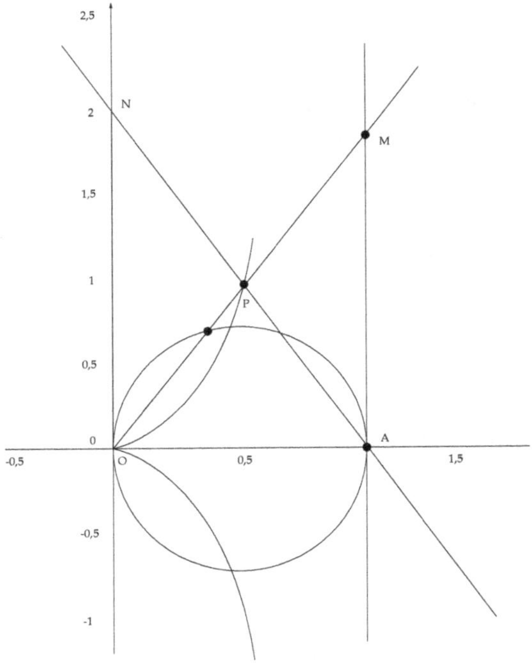

fig. 4

Essendo AM = m, se congiungiamo P con A≡(1;0) l'equazione della retta passante per A e P è
y = -m³(x-1) la quale interseca l'asse y in N≡(0,m³). Resta così costruito un segmento ON = m³. Eseguendo la costruzione inversa, dato un segmento ON = n si può costruire il segmento AM = ³√n. Scegliendo n = 2, cioè ON = 2OA, si risolve il problema di Delo o della duplicazione del cubo.

***

Nicomede (di Alessandria; II sec. a.C. (?)) [v. App. II/4] costruì la curva da lui chiamata concoide per risolvere il problema della trisezione dell'angolo. Essa può essere usata anche per risolvere il problema della duplicazione del cubo. Con riferimento alla fig. 5, sia data una retta r, un punto O fuori di essa e una distanza k.

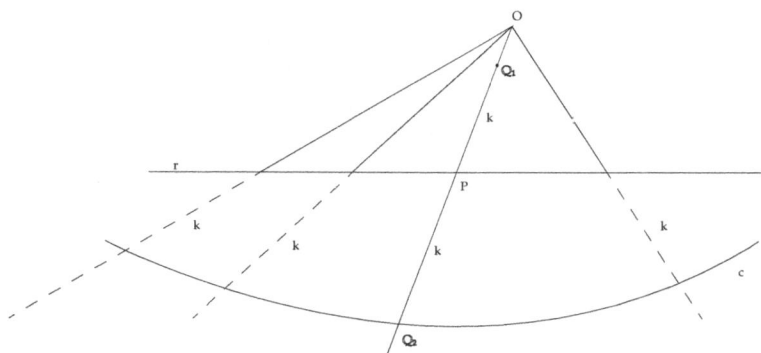

fig. 5

Per O si tracci una retta qualsiasi. Essa incontra la retta r in un punto P. La concoide di Nicomede è il luogo dei punti Q_1 e Q_2 sulla retta OP tali che $PQ_1 = PQ_2 = k$ al variare di P sulla retta r. La retta r è detta base della concoide, il punto O il suo polo, e k l'intervallo.

Per risalire alla sua equazione (v. fig. 6) si scelga come asse polare la perpendicolare a O su r. Indicato con R il loro punto di intersezione, sia OR = a.

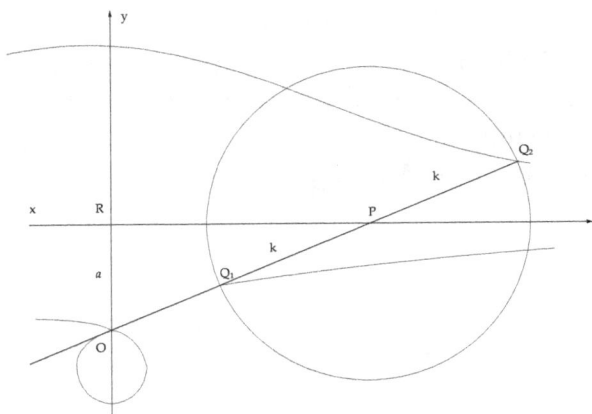

fig. 6

In coordinate polari si ha l'equazione:

$$\varrho = OQ_2 = OP + PQ_2 = a/\text{sen}\theta + k$$

Con le solite notazioni: $x = \varrho\cos\theta$, $y = \varrho\,\text{sen}\theta \to \text{sen}\theta = y/\varrho$, si ha:

$\varrho = a\varrho/y + k \to \varrho y = a\varrho + ky \to (y - a)\cdot\varrho = ky$, elevando al quadrato: $(y - a)^2\cdot\varrho^2 = k^2 y^2$

sostituendo $\varrho = \sqrt{(x^2+y^2)}$ si ricava l'equazione cartesiana della concoide:

$$(y - a)^2\cdot(x^2 + y^2) = k^2 y^2$$

È una curva del quarto ordine, quartica:

se $k > a \to O$ è un punto doppio nodale
se $k = a \to O$ è una cuspide
se $k < a \to O$ è un punto isolato

Per risolvere il problema di Delo con l'uso della concoide prendiamo come riferimento la fig. 7.

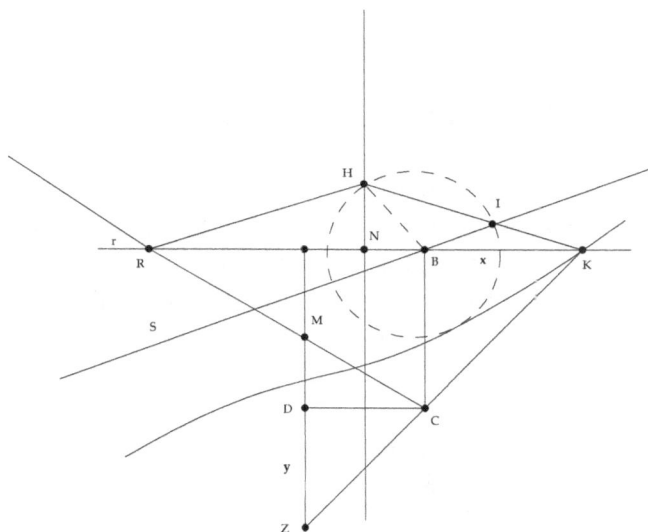

fig. 7

Si costruisca il rettangolo ABCD, con AB = DC = 2a e BC = AD = 2b, e sia M il punto medio di AD, la retta che unisce C con M incontra la retta r per A e B in un punto R. I due triangoli CDM e AMR sono uguali, perciò AR = DC = 2a. Sia N il punto medio di AB e da esso si tracci la perpendicolare ad AB. La circonferenza con centro in B e raggio AM = AD/2 = b interseca questa perpendicolare in H. Si unisca H con R e da B si conduca la retta s parallela a HR. Si costruisca la concoide che ha H come polo, s come base e b come intervallo. La curva interseca in K la retta r e il segmento HK interseca la retta s nel punto I con IK = b intervallo della concoide. La retta per K e C incontra il prolungamento di AD in Z. Si dimostra che DZ = y e BK

89

= x sono medi proporzionali tra 2a e 2b. Cioè è valida la proporzione:

$$2a:y = y:x = x:2b$$

Posto $2a = 1$ e $2b = 2$ si ricava che y è il lato del cubo di volume doppio di quello di lato 1.

Infatti, sempre con riferimento alla fig. 7, la proporzione da dimostrare è: $AB:DZ = DZ:BK = BK: BC$. I triangolo retti DCZ e BKC sono simili, da ciò: $DC:DZ = BK: BC$, essendo $DC = AB$ ne consegue: $2a:y = y:2b$, da cui $xy = 4ab$, e quindi: $y = 4ab/x \rightarrow y^3 = 64a^3b^3/x^3$ (1).

I triangoli RHK e BIK sono simili, da ciò: $RK:BK = HK:IK$, cioè: $(4a + x):x = HK:b$, da cui:
$(4a + x)^2:x^2 = HK^2:b^2$. Ma $HK^2 = NH^2 + NK^2$, essendo $NH^2 = HB^2 - BN^2 = b^2 - a^2$ e $NK^2 = (a + x)^2$ avremo: $HK^2 = b^2 - a^2 + (a + x)^2 = b^2 + 2ax + x^2$.

Perciò la $(4a + x)^2:x^2 = HK^2:b^2$ si può scrivere: $(4a + x)^2:x^2 = (b^2 + 2ax + x^2):b^2$.

Cioè: $(4a + x)^2 \cdot b^2 = x^2 \cdot (b^2 + 2ax + x^2)$.

Da questa, con pochi passaggi algebrici, si ricava: $8ab^2 \cdot (2a + x) = x^3 \cdot (2a + x)$.

Essendo $2a + x \neq 0 \rightarrow 8ab^2 = x^3$ (2)

Riprendendo la (1) $y^3 = 64a^3b^3/x^3$ e sostituendo la (2) avremo: $y^3 = 8a^2b$.

Posto $2a = 1 \rightarrow a = 1/2$ e $2b = 2 \rightarrow b = 1$ si ottiene: $y^3 = 2$, da cui: $y = \sqrt[3]{2} \rightarrow$ C.V.D.

***

Cartesio (1596 – 1650) (cit.) si occupò del problema di Delo e lo risolse usando le curve che si ottengono dalle uguaglianze dei rapporti: $a/x = x/y = y/2a$:

1) $x^2 = ay$
2) $y^2 = 2ax$
3) $xy = 2a^2$

In particolare dalla 1) si ottiene: $x^2 - ay = 0$ e dalla 2) $y^2 - 2ax = 0$, sommandole tra loro si ha:

$$x^2 + y^2 - 2ax - ay = 0$$

che è l'equazione di una circonferenza con centro $C \equiv (a; a/2)$ e $R = a \cdot \sqrt{5}/2$.
Intersecando la circonferenza con la parabola $y = x^2/a$ si ottiene il punto P la cui ascissa soddisfa il problema (v. fig. 8).

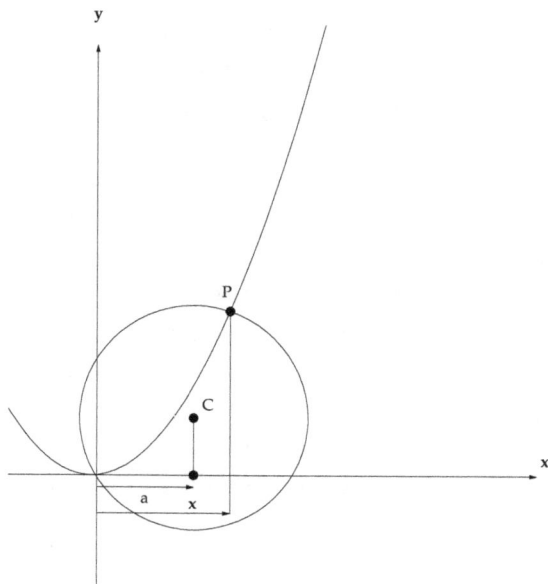

fig. 8

Infatti: dal sistema si ricava: $x^3 = 2a^3 \rightarrow x = a \cdot \sqrt[3]{2}$.

Appendici al Capitolo II

Appendice II/1

Menecmo è stato un matematico greco antico, studioso di geometria. Poco si sa sul suo conto. Di certo fu allievo di Eudosso (di Cnido; 390 – 337 (?) a.C.) ed era in amicizia con Platone (428 - 347 a.C.). Alcuni storici sostengono che egli fu tutore di Alessandro Magno (Pella 356 - Babilonia 323 a.C.), e affermano che il Re di Macedonia lo scelse per farsi spiegare in maniera semplice la geometria. Pare che Menecmo alla sua richiesta rispose: *"Per viaggiare da un luogo all'altro ci sono strade per il Re e strade per il popolo, ma in geometria c'è un'unica strada per tutti"*.

Egli nacque probabilmente ad Apeconesso, località della Tracia che oggi fa parte della Turchia, ed è noto per i suoi studi sulle sezioni coniche. Fu il primo a mostrare che ellissi, parabole e iperboli si possono ottenere tagliando un cono con un piano non parallelo alla base. Si ritiene che non sia stato Menecmo ad attribuire a tali sezioni i nomi di ellisse, parabola e iperbole. Essi vengono fatti risalire ad Apollonio, tuttavia, pare che in alcuni scritti di Diocle i nomi parabola e iperbole siano già usati prima di Apollonio.

Appendice II/2

Diocle matematico (tanti sono i personaggi famosi greci antichi con lo stesso nome) scrisse un trattato *sugli specchi ustori* del quale ci sono giunti due riassunti mediante Eutocio (di Ascalona, 480 – 560 (?)) nel suo commentario all'opera di Archimede: *Sulla sfera e il cilindro*. In uno di questi riassunti è trattata la soluzione del problema della *duplicazione del cubo* che, all'epoca, insieme alla *quadratura del cerchio* e alla *trisezione dell'angolo*, era un vero e proprio rompicapo per le conoscenze matematiche del tempo.

La parola cissoide deriva dal greco *kissoeidĕs* che vuol dire a forma di edera.

Appendice II/3

La *cissoide di Diocle*, con riferimento alla figura, è descritta da punto P al variare della retta r attorno all'origine O, in modo tale che OP = MN.

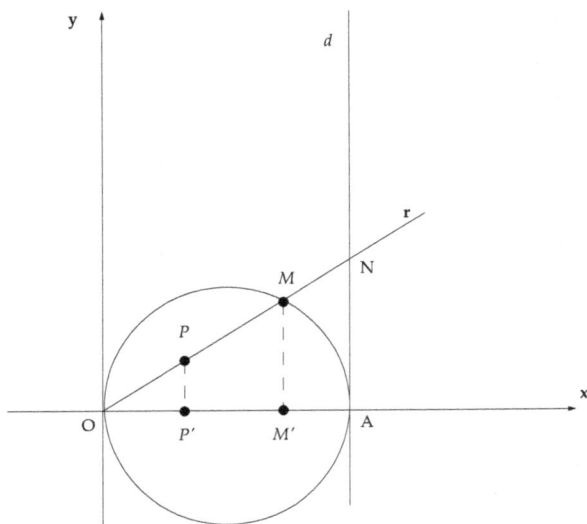

Per trovare la sua equazione cartesiana, scegliamo la retta OA come asse delle ascisse x e la perpendicolare ad essa per O come asse delle ordinate y, parallelo alla tangente d in A al cerchio. Osserviamo che l'equazione del cerchio è $(x - a/2)^2 + y^2 = a^2/4 \rightarrow x^2 + y^2 - ax = 0$.

Detto P≡(x;y) e M≡(α;β), stando M sul cerchio, risulta: (1) $\alpha^2 + \beta^2 - a\alpha = 0$. Da P e M si mandino le perpendicolari all'asse x, esse lo incontrano rispettivamente in P' e M'. Dalla similitudine dei triangoli OPP' e OMM' risulta: β:y =

α:x, ossia: (2) $\beta = \alpha y/x$, sostituendo nella (1) si ottiene:
$\alpha^2 + \alpha^2 y^2/x^2 - a\alpha = 0 \to \alpha^2 x^2 + \alpha^2 y^2 - a\alpha x^2 = 0 \to \alpha^2(x^2 + y^2) = a\alpha x^2 \to \alpha(x^2 + y^2) = ax^2$, ossia:
$\alpha = ax^2/(x^2 + y^2)$ sostituendo nella (2) si ha: $\beta = ax^2 y/(x^2 + y^2)$, quindi:

$$M \equiv (ax^2/(x^2 + y^2); ax^2 y/(x^2 + y^2))$$

Dalla similitudine dei triangoli OPP' e ONA si ha: OP': OA = PP':AN $\to$ x: a = y: AN ossia:
AN = ay/x cioè: $N \equiv (a; ay/x)$

Quindi MN $= \sqrt{(a - ax^2/(x^2 + y^2))^2 + (ay/x - ax^2 y/(x^2 + y^2))^2}$ da cui MN $= ay^2/x\sqrt{(x^2 + y^2)}$.

Tenendo presente che OP $= \sqrt{(x^2 + y^2)}$, dalla condizione OP = MN risulta:

$$\sqrt{(x^2 + y^2)} = ay^2/x\sqrt{(x^2 + y^2)}$$
$$x(x^2 + y^2) = ay^2$$
$$x^3 + y^2(x - a) = 0$$

che è l'equazione cartesiana della *cissoide di Diocle*.

Appendice II/4

Le poche notizie che si hanno su Nicomede matematico

(così come Diocle, Nicomede era un nome molto comune tra gli antichi greci) sono giunte fino a noi grazie al *Commentario* di Proclo (411 – 485). Il nome concoide deriva dal greco e significa simile a una conchiglia. La concoide di Nicomede fu studiata molto attentamente dai matematici del 1600. Fermat completò la ricerca sulle tangenti alla curva. Huygens ne studiò i flessi e dimostrò che l'area racchiusa tra i due rami è infinita. Newton propose di includerla tra le curve più importanti della geometria, così come la retta e la circonferenza.

III

La curva di Archita

La prima curva gobba, non contenuta cioè in un piano, fu introdotta da Archita (di Taranto, 428 – 360 a. C.) [v. App. III/1] per risolvere il problema della duplicazione del cubo. Egli fornì una soluzione che può essere descritta mediante l'uso della geometria analitica. Sia a il lato del cubo da duplicare e, in un sistema di riferimento ortogonale tridimensionale Oxyz, si ponga C≡(a;0;0) il centro di tre cerchi di raggio a giacenti su tre piani perpendicolari agli assi (fig. 1).

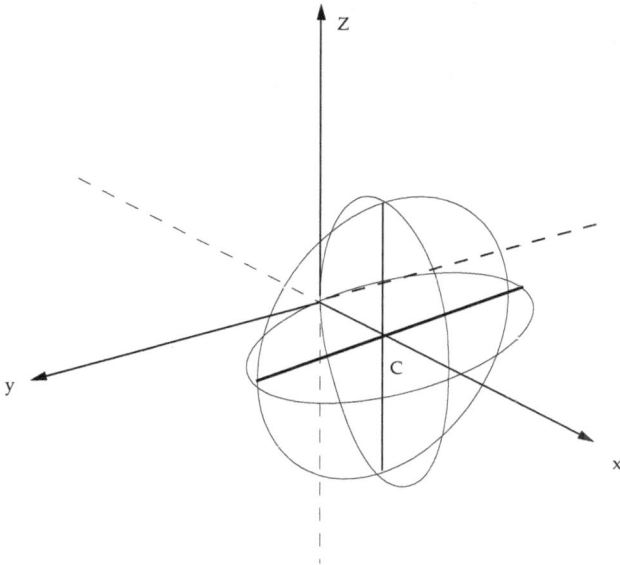

fig. 1

Con il cerchio di centro C sul piano Oyz, perpendicolare all'asse x, si costruisca un cono circolare retto che abbia il vertice nell'origine; con il cerchio di centro C che giace nel piano Oxy si costruisca un cilindro e con il cerchio giacente sul piano Oxz, fatto ruotare attorno all'asse z, si generi un toro (o toroide) [v. App. III/2]. Le equazioni di queste superfici sono rispettivamente:

cono: $\quad x^2 = y^2 + z^2$
cilindro: $\quad x^2 + y^2 = 2ax$
toro: $\quad (x^2 + y^2 + z^2)^2 = 4a^2(x^2 + y^2)$

Le tre superfici s'intersecano esattamente in un punto P di ascissa $x = a \cdot \sqrt[3]{2}$, com'è verificabile risolvendo il sistema ottenuto con le equazioni delle tre curve.

La curva di Archita può essere studiata mediante l'uso delle coordinate polari nello spazio tridimensionale [v. App. III/3]. Con riferimento alla fig. 2 le formule di trasformazione sono $x = \varrho \operatorname{sen}\theta \cos\phi$; $y = \varrho \operatorname{sen}\theta \operatorname{sen}\phi$; $z = \varrho \cos\theta$.

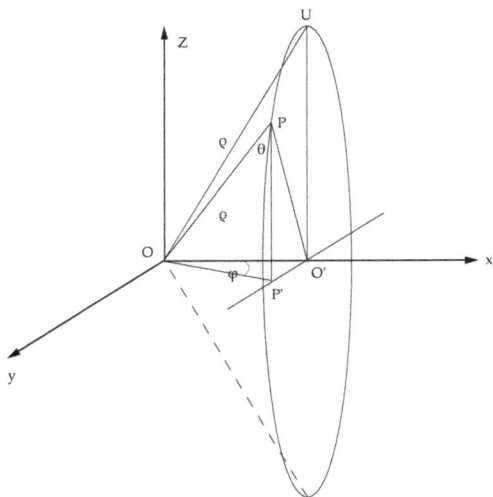

fig. 2

Sostituendole alle equazioni algebriche di cui sopra, si ottiene:

1) cono: $x^2 = y^2 + z^2 \rightarrow \varrho^2 sen^2\theta cos^2\phi = \varrho^2 sen^2\theta sen^2\phi \rightarrow sen^2\theta cos^2\phi - sen^2\theta sen^2\phi = cos^2\phi \rightarrow sen^2\theta(cos^2\phi - sen^2\phi) = cos^2\theta \rightarrow sen^2\theta(2cos^2\phi - 1) = cos^2\theta \rightarrow 2sen^2\theta cos^2\phi - sen^2\theta = cos^2\theta \rightarrow 2sen^2\theta cos^2\phi = sen^2\theta + cos^2\theta = 1 \rightarrow sen^2\theta \, cos^2\theta = 1/2 \rightarrow sen\theta cos\theta = 1/\sqrt{2}$.

2) cilindro: $x^2 + y^2 = 2ax \rightarrow \varrho^2 sen^2\theta cos^2\phi + \varrho^2 sen^2\theta sen^2\phi = 2a\varrho sen\theta cos\phi \rightarrow \varrho^2 sen^2\theta(cos^2\phi + sen^2\phi) = 2a\varrho sen\theta cos\phi \rightarrow \varrho^2 sen^2\theta = 2a\varrho sen\theta cos\phi \rightarrow \varrho sen\theta = 2a cos\phi$.

3) toro: $(x^2 + y^2 + z^2)^2 = 4a^2(x^2 + y^2)$. Essendo $x^2 + y^2 + z^2 = \varrho^2$, avremo: $\varrho^4 = 4a^2(\varrho^2 sen^2\theta cos^2\phi + \varrho^2 sen^2\theta sen^2\phi) \rightarrow \varrho^2 = 4a^2 sen^2\theta(cos^2\phi + sen^2\phi) \rightarrow \varrho^2 = 4a^2 sen^2\theta \rightarrow \varrho = 2a sen\theta$.

Quindi le equazioni polari risultano:

1) cono: $sen^2\theta \, cos^2\theta = 1/2$, o: $sen\theta cos\theta = 1/\sqrt{2}$
2) cilindro: $\varrho sen\theta = 2a cos\phi$
3) toro: $\varrho = 2a sen\theta$

Da queste equazioni con opportuni passaggi e qualche artificio si arriva a concludere che $(\varrho sen\theta cos\theta)^3 = 2a^3$ da cui $x^3 = 2a^3 \rightarrow x = a \cdot \sqrt[3]{2}$. Quindi il cubo di lato OP' $= \varrho sen\theta cos\phi$ avrà volume doppio di quello che ha per lato a.

Il problema di Delo in epoca moderna

Come già visto nei due capitoli precedenti, il problema della duplicazione del cubo si riduce algebricamente alla costruzione con riga e compasso del numero $\sqrt[3]{2}$. Dopo secoli d'inutili tentativi si fece strada l'idea che *il problema di Delo*, così come l'altro problema classico della *quadratura del cerchio*, fossero irrisolvibili. Fu verso la metà dell'ottocento che si giunse a dimostrare l'impossibilità di trovare la soluzione della duplicazione del cubo con l'uso esclusivo della riga e del compasso, mediante considerazioni di algebra moderna.

Va precisato che eseguire una costruzione con riga e compasso significa determinare figure geometriche a partire da altre figure, utilizzando esclusivamente questi due strumenti, ove per riga s'intende un'asta rigida non graduata che permetta di tracciare delle linee rette. Cerchiamo di meglio chiarire il significato di una tale costruzione. Supponiamo che sia dato un insieme di punti P nel piano euclideo RXR, e consideriamo due tipi di operazioni:

Operazione 1 (riga): tracciare una linea retta che unisca due qualsiasi punti di P.

Operazione 2 (compasso): disegnare una circonferenza il cui centro sia un qualsiasi punto di P e il cui raggio sia uguale a una qualsiasi distanza tra due punti di P.

Tenendo conto delle due seguenti definizioni:

Definizione 1: i punti di intersezione di due rette, di due circonferenze, di una retta e di una circonferenza, tracciate con le operazioni 1 e 2 sono dette costruibili in un solo passo.

Definizione 2: un punto p RXR si dice costruibile da P se esiste una successione finita di punti $r_1, r_2, ..., r_n$ RXR tali che per ogni $i = 1, 2, ..., n$ il punto p_i è costruibile in un sol passo dall'insieme P \{ $r_1, r_2, ..., r_{i-1}$ \}.

Per esempio, vediamo come sia possibile, con le operazioni e le definizioni sopra dette, costruire il punto medio di un dato segmento. Facendo riferimento alla fig. 3, supponiamo di avere due punti p_1, p_2 RXR e sia $P = \{p_1, p_2\}$.

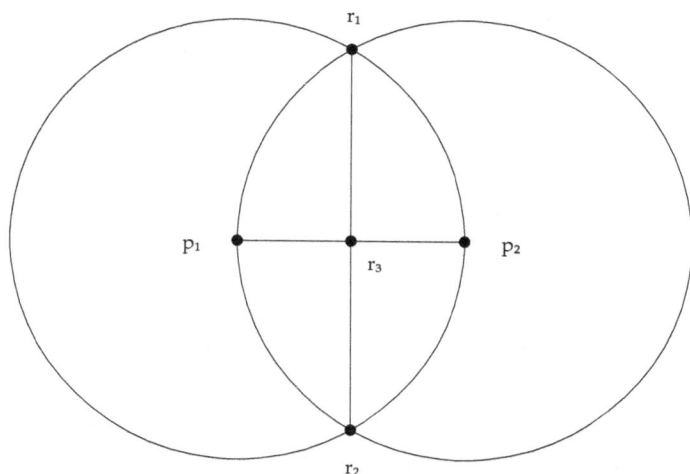

fig. 3

1) operazione 1: Tracciare il segmento p_1.
2) operazione 2: Tracciare il cerchio con centro in p_1 e raggio p_1p_2.
3) operazione 2: Tracciare il cerchio con centro in p_2 e raggio p_1p_2.
4) individuare i punti r_1 e r_2 di intersezione di questi due cerchi.
5) operazione 1: Tracciare il segmento r_1r_2.
6) individuare $r_3 = p_1p_2 \cap r_1r_2$.

Allora la successione r_1, r_2, r_3 definisce la costruzione del punto medio di p_1p_2, e questa risulta fattibile a partire da P.

In algebra un insieme A dotato di due operazioni + e • , cioè la struttura algebrica (A,+,•), è un campo se valgono le seguenti proprietà:

1) $(A, +)$ è gruppo abeliano con elemento neutro 0, ossia, per qualsiasi a di A, risulta: $a + 0 = 0 + a = a$. Inoltre per ogni a di A esiste l'elemento inverso $-a$ tale che $a + (-a) = 0$; l'operazione $+$ gode delle proprietà: associativa $(a + b) + c = a + (b + c)$ e commutativa $a + b = b + a$.

2) $(A - \{0\}, \bullet)$ è gruppo abeliano con elemento neutro 1, ossia, per qualsiasi a di A, risulta $a \cdot 1 = 1 \cdot a = a$. Inoltre per ogni a di A, escluso lo 0, esiste l'inverso $1/a$ tale che $a \cdot 1/a = 1$; l'operazione $\bullet$ gode delle proprietà: associativa $(a \cdot b) \cdot c = a \cdot (b \cdot c)$ e commutativa $a \cdot b = b \cdot a$.

3) La moltiplicazione $\cdot$ è doppiamente distributiva rispetto all'addizione $+$, ossia: $a \cdot (b + c) = a \cdot b + a \cdot c$ e $(a + b) \cdot c = a \cdot c + b \cdot c$.

Sono campi le strutture algebriche $(Q, +, \bullet)$, $(R, +, \bullet)$ e $(C, +, \bullet)$, ove Q, R, C, indicano rispettivamente gli insiemi dei numeri razionali, reali e complessi.

Se consideriamo il problema prima analizzato della costruzione del punto medio di un segmento con la teoria algebrica dei campi, ad ogni passo della costruzione si può associare un sottocampo di R generato dalle coordinate dei punti costruiti. Consideriamo K_0 quale sottocampo generato dalle coordinate x, y del punto P. Se $r_i \equiv (x_i, y_i)$, definiamo K_i il campo generato da K_{i-1} con l'aggiunta di r_i, cioè $K_i = K_{i-1} \cup (x_i, y_i)$.

Quindi: $K_0 \subseteq K_1 \subseteq \ldots \subseteq K_i \subseteq R$.

Da ciò si deduce il seguente lemma:

x_i, y_i sono zeri in K_i di un polinomio al più di secondo grado di K_{i-1}.

Infatti le coordinate x_i e y_i del punto r_i si ottengono intersecando due rette, due circonferenze, o una retta e una circonferenza. Dimostriamo il lemma nel caso che l'intersezione sia fra retta e circonferenza, tenendo presente che il caso dell'intersezione tra due circonferenze può ad esso essere ricondotto.

Siano A, B, C, i punti di intersezione (p;q), (r;s), (t;u) in K_{i-1}. Si tracci la circonferenza con centro in C e raggio w = AB. Siccome w è la distanza tra due punti le cui coordinate sono in K_{i-1}, ne consegue che anche w^2 è in K_{i-1}. L'equazione della retta passante per AB risulta:

$$(x-p)/(r-p) = (y-q)/(s-q)$$

Mentre l'equazione della circonferenza è:

$$(x-t)^2 + (y-u)^2 = w^2$$

Risolvendo il sistema tra queste due equazioni si ottengono le coordinate dei punti di intersezione mediante la risoluzione di una equazione di secondo grado. Quindi la x è lo zero di un polinomio di 2° grado in K_{i-1}. Così è per la y. Da ciò il teorema:

Se $r \equiv (x,y)$ è costruibile da un sottoinsieme P_0 di RXR e se K_0 è il sottocampo di R generato dalle coordinate di P_0 allora i gradi di $[K_0(x):K_0]$ e $[K_0(y):K_0]$ sono potenze di due.

E, quindi, il teorema:

Il cubo non può essere duplicato con l'uso della riga e del compasso.

Consideriamo un cubo di spigolo unitario, e sia $P_0 = \{(0;0),(1;0)\}$, cioè in questo caso $K_0 = Q$.
Se il cubo fosse duplicabile, allora si potrebbe costruire un punto $P \equiv (\alpha;0)$ tale che $\alpha^3 = 2$ e quindi per il teorema prima enunciato $[Q(\alpha):Q]$ dovrebbe essere una potenza di due. Ma α è uno zero del polinomio $t^3 - 2$ che è irriducibile in Q, ed esso è il minimo polinomio di α in Q con $[Q(\alpha):Q] = 3$. Perciò è dimostrata l'impossibilità di duplicare il cubo con l'uso della riga e del compasso.

Appendici al Capitolo III

Appendice III/1

Archita di Taranto, uomo di stato, matematico e filosofo, fu l'ultimo rappresentante del pensiero pitagorico. I pitagorici, per la loro influenza in tutta la Magna Grecia, furono aspramente criticati e perseguitati dai vari tiranni del tempo. Vennero attaccati, combattuti ed espulsi da tutte le città. Taranto fu l'unica città rimasta sotto il loro controllo. Archita la governò per lungo tempo, incrementandone la prosperità e la potenza bellica, facendola diventare la città più importante della Magna Grecia. In campo matematico e filosofico egli continuò la tradizione pitagorica, che anteponeva l'aritmetica alla geometria, pur utilizzando le tecniche geometriche nella risoluzione dei problemi matematici. Prima di Archimede di Siracusa, Archita applicò la matematica alla meccanica. A lui si attribuisce l'invenzione della *raganella*, uno strumento musicale in legno che produce suoni tramite la rotazione di una lamina flessibile sfregata da una ruota dentata fissata a una manovella. Gli si attribuisce anche la costruzione di una colomba volante (la colomba di Archita). Pare si trattasse di una colomba di legno, vuota all'interno, riempita di aria compressa e fornita di una valvola che permetteva l'apertura e la chiusura, regolabile per mezzo di contrappesi. Alcuni storici sostengono che abbia inventato la carrucola e la vite, anticipando Archimede. Amico di Platone, intervenne quando il grande filosofo ateniese fu fatto prigioniero a Siracusa dopo un'aspra contesa con Dionisio II, ottenendone la liberazione. Archita impersonò in sé l'ideale platonico, coniugando la teoria con la pratica. Morì tragicamente in un naufragio nel promontorio di Matino nel Gargano. Così Orazio gli rese omaggio in un epitaffio: *"Tu, Archita, misuravi il mare, e la terra, e gli infiniti granelli di sabbia, ora solo un obolo di lieve polvere ti ricopre sul lido Matino, né può giovarti l'aver scrutato dello spazio le dimore, e l'aver percorso l'arco del cielo con cuore mortale"*.

Appendice III/2

In geometria solida il toro è una superficie a forma di ciam-
bella ed è ottenuta facendo ruotare una circonferenza, la
generatrice, intorno ad un asse di rotazione appartenente
allo stesso piano ma esterno ad essa (v. fig.).

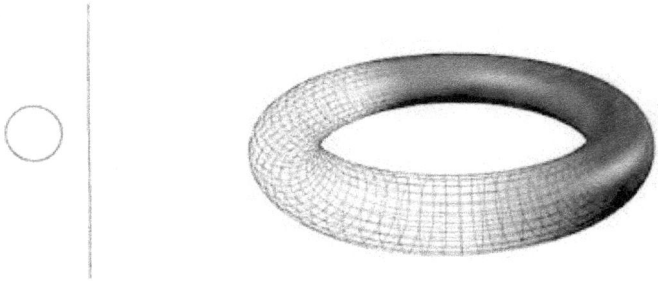

Consideriamo il sistema cartesiano Oxyz e il punto P di coordinate (x;y;z).

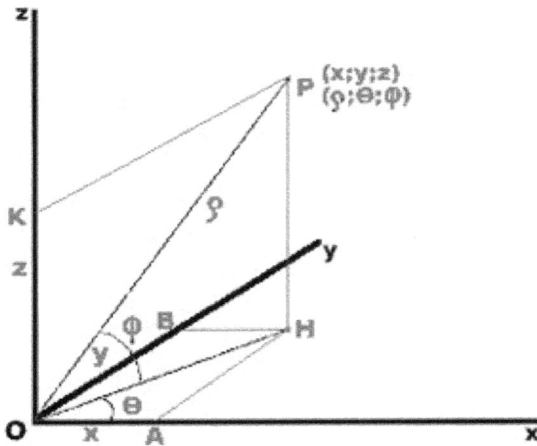

Con riferimento alla figura OA = x; OB = y; Ok = z.
Congiunto il punto P con l'origine degli assi si ha: OP = ϱ ipotenusa del triangolo POH che ha i cateti PH = z e OH = $\sqrt{(x^2+y^2)}$ quindi ϱ = $\sqrt{(x^2+y^2+z^2)}$.
Nel triangolo POH che è rettangolo valgono le relazioni:
z = OK = PH = ϱsenφ
OH = $\sqrt{(x^2+y^2)}$ = ϱcosφ
Per trovare x, y si consideri il triangolo rettangolo OHA.
In esso risulta:
x = OA = OHsenθ = ϱcosφcosθ

y = AB = AH = OHcosθ = ϱcosφsenθ

Quindi le formule di trasformazione dalle coordinate cartesiane a quelle polari risultano:

x = ϱcosφcosθ

y = ϱcosφsenθ

z = ϱsenφ

Cambiando l'orientamento degli assi cartesiani, cambiano anche le coordinate polari del punto P.

Nello spazio tridimensionali del Cap. III esse sono:

x = ϱsenθcosφ

y = ϱsenθsenφ

z = ϱcosθ

Bibliografia

Federigo Enriques, *Questioni riguardanti le matematiche elementari*, Zanichelli, Bologna 1987

L. Tonolini, F. Tonolini: *Metodi analitici*, Minerva Italica, Milano 1988

Antonio Borrello: *Trigonometria piana*, La Prora, Milano 1962

W. R. Knorr: *Textual studies in ancient and medieval geometry*, Boston 1989

J. R. Armogathe, V. Carraud: *Cartesio biografia*, Conte Editore, Lecce 2003

E. T. Bell: *I grandi matematici*, Bollati Boringhieri, Milano 1997

Jean Paul Delahaye: *L'affascinante numero π*, Ghisetti e Corvi, Milano 2003

L. Tonolini, F. Tonolini: *Metodi analitici*, Minerva Italica, Milano 1988

Luciano De Crescenzo: *Storia della filosofia greca. I presocratici*, Mondadori, Milano 1983

Antonio Favaro: *Archimede*, Formiggini Editore, Roma 1923.

W. R. Knorr: *Textual studies in ancient and medieval geometry*, Boston 1989

J. R. Armogathe, V. Carraud: *Cartesio biografia*, Conte Editore, Lecce 2003

E. T. Bell: *I grandi matematici*, Bollati Boringhieri, Milano 1997

Referenze fotografiche: autore, v. bibliografia, Maria Nives Manara

Biografia

Rolando Zucchini è nato a Foligno (Umbria - Italy) il 6 giugno 1947. Laurea in matematica (1972) all'Università di Perugia con una tesi sulle geometrie non-euclidee. Ha insegnato matematica nelle scuole superiori con metodi didattici innovativi, collegandola alla sua storia e alla filosofia.
Vive a Scandolaro dei Trinci, in un'antica casa-torre di avvistamento alle pendici del monte Cologna.

Con Mnamon ha pubblicato:

Il quinto postulato (2012)
Gli incommensurabili (2013)
La quadratura del cerchio (2013)
Gli asintoti (2014)
La duplicazione del cubo (2014)
La congettura di Siracusa (2015)

Sommario